应用型人才培养规划教材

城市景观设计

史喜珍 主编

第二版

化学工业出版社

·北京·

内 容 简 介

本书共八章，包括认识景观设计、景观空间设计、景观的构成要素及其设计、景观设计的程序、景观设计的表现、城市广场设计、居住区景观设计、城市公园设计等。内容翔实，案例丰富，可操作性强。本书注重学生职业能力和专业技能的培养，以大量的案例、实景图片并结合文字组织内容，使得教材内容直观、生动、形象，有利于激发学生学习兴趣。

本书可作为环境艺术设计、风景园林设计及相关专业本专科教学用书，也可作为成人教育景观设计相关专业的教材，还可供从事景观设计相关专业的工作人员参考使用。

图书在版编目（CIP）数据

城市景观设计 / 史喜珍主编. —2 版. —北京：化学工业出版社，2021. 7（2023.5重印）

ISBN 978-7-122-39262-6

Ⅰ. ①城… Ⅱ. ①史… Ⅲ. ①城市景观－景观设计－教材 Ⅳ. ①TU-856

中国版本图书馆 CIP 数据核字（2021）第 105835 号

责任编辑：李仙华　　美术编辑：王晓宇
责任校对：宋　夏　　装帧设计：水长流文化

出版发行：化学工业出版社（北京市东城区青年湖南街 13 号　邮政编码 100011）
印　　装：盛大（天津）印刷有限公司
880mm×1230mm　1/16　印张 12½　字数 333 千字　2023 年 5 月北京第 2 版第 2 次印刷

购书咨询：010-64518888　　售后服务：010-64518899
网　　址：http://www.cip.com.cn
凡购买本书，如有缺损质量问题，本社销售中心负责调换。

定　　价：58.00 元

第二版 前言

随着我国经济的快速发展，城市生态化进程不断加速，景观设计在创建生态化城市进程中发挥着越来越重要的作用，景观设计师职业得到社会广泛认可，高等院校环境艺术设计类专业的设置越来越普及。

本教材自2010年第一版出版以来，得到了广大读者的支持与厚爱。伴随着科学技术和设计理念的不断进步，课程改革的新思路、新方法不断出现，城市景观设计大量优秀作品不断涌现出来。为了回报广大读者对本书的厚爱，紧跟时代发展步伐，为社会培养更多环境设计人才，作者对第一版做了全面修订，修订后的教材以国际化视野和大量优秀景观设计案例统领全书，特色鲜明。概述如下：

1. 本书以图文结合的方式，将景观设计理论与设计案例紧密结合，图文并茂、形象生动，所选案例注重其在景观环境中的体现，以图配文准确到位。
2. 在编写结构上，每个单元前都设有知识目标和能力目标，使学生明确学习目的，从而提升学习动力。单元结尾附有单元小结，提纲挈领地概括总结本单元内容，重点突出。单元思考练习题和课题设计实训把理论知识与实践紧密结合，学习者通过实训将理论知识转化为自身专业能力。
3. 编写方法上，突出实用性和可操作性。从不同层面引入设计案例和学生优秀作品案例，起到以图释文、开阔视野、启发思路的作用，并为课程学习和设计实践提供借鉴和帮助。
4. 书中所用图片绝大多数是主编现场拍摄的国内外经典优秀实景案例，以及周边景观环境最新优秀设计案例，与对应知识点相辅相成，真实生动，把抽象的理论直观化。

本书主要供环境艺术设计、风景园林设计以及相关专业本专科教学之用，也可作为相关人员自学参考教材。本书由山西工程职业学院史喜珍主编，参加本书编写的人员有湖北第二师范学院蒋芳、辽宁建筑职业学院刘兴宇、太原大学黄海波以及冯森、冯沛迪等。在此感谢为此书提供素材和帮助的所有人！

由于作者水平有限，缺点和疏漏之处在所难免，敬请有关专家和读者批评指正。

编者

2021年6月

目录

1 绪论

2 景观空间设计

3 景观的构成要素及其设计

景观设计的程序

5 景观设计的表现

6 城市广场设计

7 居住区景观设计

8 城市公园设计

1 绪论

知识目标

理解景观设计的实质内涵

了解景观设计的观念、特点和主要内容

把握景观设计的原则和要求

了解中外景观发展概况以及现代景观的形成和发展趋势

能力目标

掌握景观设计的构成要素

掌握景观设计的形式美法则

1.1 景观设计内涵

景观规划设计是一个集科学、艺术、工程技术于一体的、面向户外环境建设的应用型学科。它的兴起和发展随着经济社会高速发展而带来的能源危机、生态失衡、人口膨胀等问题日益受到重视。生态环境的破坏，空气、噪声、垃圾、水污染等环境问题已严重威胁到人类的健康。因此，维护生态平衡、改善人类生态环境成为景观规划设计迫切需要解决的问题。与此同时，人类物质生活条件的不断提高，使得人们对精神生活提出更高的要求，创造健康、生态、安全、舒适、优美的环境成为景观设计师的使命和责任，景观设计师将任重而道远。

1.1.1 什么是景观设计

景观，泛指可供观赏的景物，景观设计主要是指对建筑外部空间或者特定区域内环境的自然要素和人工要素进行综合考虑，为人们创造出舒适、方便、美观且多样化的活动空间，其核心是协调人与自然的关系。景观设计强调对土地与土地上的物体和空间进行全面的协调和完善，以使人、建筑、环境以及自然中其他的生命种群得以和谐共存（图1-1）。具体来讲，景观设计是指在某一区域内创造一个由形态、形式因素构成的、较为独立的、具有一定社会文化内涵及审美价值的景物，其重点是关注人类聚居与活动的外部场所、活动的中心以及与人类生活、工作具有最密切、最直接关系的环境空间。景观设计建立在广泛的自然科学和人文艺术科学基础之上，它涉及建筑、城市规划、园林、环境、生态、社会、艺术等多个学科，是人类寻找人与自然相互平衡的有效手段，是提高人类物质、精神、生理等多方面生存需求的良好途径。

▲ 图1-1　居住区宜人的景观环境

1.1.2 景观设计的观念

（1）以人为本设计观

人对环境的需求包含两个层面：一是物质需求，即环境舒适、设备齐全，满足一定使用功能；二是审美需求，满足人心理愉悦的需求，这是景观功能的高层次需求。景观设计的目的就是要创造出能够满足人们各种活动的舒适性和审美性需求的良好环境，提高人们的生活质量，这正是以人为本思想的体现，如图1-2所示。

（2）生态意识设计观

生态设计是一种人与自然相作用和相协调的方式，是人类对其整体生态系统中各景观元素的主动设计和协调过程，景观设计师有责任保护现有的完好的自然生态系统，也肩负着改造和恢复那些受到人类活动干扰和破坏的自然生态系统的职责，如图1-3所示。

（3）文脉延续设计观

在历史发展的长河中，不同地区不同民族由于其所处地理位置的不同，居住形式、民风习俗各有特色，形成了自己独特的文化。而历史、文化是一个民族的精神支柱，民族的凝聚力是以大众对历史与文化的认同为基础的。因此，在景观设计时既不能脱离前人和原有的人文环境去凭空构建，也不能简单地重复过去，应该在尊重历史、延续文脉的过程中与现代设计有机地结合起来，传承并不断延续着历史的优秀文化，因地制宜地设计与区域文化、周边环境相适应的景观，体现独特的地域特色。

城市景观是城市文化、城市历史的象征，景观设计受制于特定的人文环境与空间环境，承袭并不断延续着历史的优秀文化。城市景观以各种形态与城市建筑一起作为历史的延续，二者相辅相成，只要增补适当，尊重历史，将会形成独特的、有延续性的景观文脉，如图1-4所示。

◀ 图1-2　公园中众多有特色的休息廊，为游人休息观景提供了便利，体现了以人为本的设计理念

▲ 图1-3　昔日的汾河乱石滩经设计改造，成为太原市大型城市生态滨水带景观公园

▲ 图1-4　平遥古城传承了明清时期晋商地域文化，是世界文化遗产和著名的旅游胜地

▲ 图1-5 文化走廊在为游人提供休息空间的同时，游人可以欣赏墙上精美的字碑书法

▲ 图1-6 公园开放的空间面向所有人敞开

▲ 图1-7 美丽的汾河起到组织城市空间的重要作用

1.1.3 景观设计的特征

（1）景观设计强调精神文化

现代室外景观设计不仅关注景观的使用功能，更强调人类的精神文化，解决人类精神享受的问题、意义的问题、文化的问题，如图1-5所示。

（2）景观设计面向大众群体

作为开放空间，景观设计是公有的，任何人都可以进入景观去欣赏、游玩，表现出公众的一种参与性，如图1-6所示。

（3）景观设计是城市规划的重要组成部分

现代景观规划与城市规划有着紧密联系，对城市的总体环境建设起着举足轻重的作用。景观设计中要考虑一个个单体建筑在空间的布局，而整个空间的组织主要是由贯穿于整个城市开敞空间的景观来控制的，如图1-7所示。

（4）景观规划设计面向风景旅游区的保护开发

旅游度假区和风景名胜区的规划设计也属于景观规划设计的一部分，它们比城市规划考虑的因素相对少一些，但与城市规划侧重点不同，它对山体、水面、植物、交通等方面考虑较多，同时也要考虑环境、生态、社会、文化、历史、经济等因素。

（5）景观规划设计面向资源和环保

现代景观规划设计中的另一大领域，已经超脱于设计本身，它不是具体的景观规划，而是把景观当作一种资源加以保护、开发。通过将景观资源进行定点、定位、定性，使人还未进入景区前，就能感受到景观所带来的魅力。

1.2 景观设计的原则和基本要求

1.2.1 景观设计的原则

（1）满足使用功能

景观设计是为人们提供适宜户外活动、方便交流与使用的各种公共场所，功能是景观设计首先要考虑的问题（图1-8），缺乏对景观功能的研究，就会出现种种不协调现象，进而影响人的活动和心情。如广场既要设置供人活动的空间，也应设置休息座椅和可以遮阳挡雨的树木或凉亭以及其他服务设施，为人们较长时间停留提供便利，否则，人们只能在烈日下行色匆匆，广场也就失去了它应有的作用。

▲ 图1-8 景观廊架既供人休息又能遮阴

（2）具有审美功能

爱美是人的天性，美的事物、美的环境能陶冶情操，使人心情舒畅，给人带来美的享受。置身于优美的环境中可以使人放松心情，减缓疲劳，消除紧张工作的压力。审美功能的体现是景观设计的核心内容之一，如图1-9所示。

▲ 图1-9 建筑、绿地、道路、水体形成丰富的空间层次，营造出优美的景观环境

（3）保护功能

对生态的保护，体现在对环境小气候的改善，通过绿化、水体的设置，调节环境的温湿度，减少灰尘、降低噪声污染；对环境中的人的保护，即对人的行为的保护，如景观设计中设置防护栏、警示牌、锁链（图1-10）等，防止自然可能带来的伤害和事故的发生，地面要考虑防滑，设施要稳固安全，结构合理，防止人在活动时受伤等。

▶ 图1-10 湖边锁链起到警示和防护作用

▲ 图1-11　景观综合功能

▲ 图1-12　多种材料的运用及色彩搭配，营造了一个集休闲娱乐于一体的优美舒适环境

▲ 图1-13　个性化建筑群辅以适当的绿化，再加上足够的硬化地面构成了一个优美的景观环境

（4）具有综合功能，满足多种活动需求

景观是一个公共空间，它服务于不同的人，必须满足社会的功能，符合自然规律。其功能的体现不是单一的，而是集几项或多项功能于一体。如广场要满足人们集会、休闲、娱乐、交谈等活动，广场水景不仅供人观赏，还可以嬉戏玩耍，增加空气湿度，改善微气候（图1-11）。

（5）艺术与科学结合，重视新技术、新材料的运用

环境的优劣，最直接地体现一个城市或地区的文明程度，善于将艺术与现代科学技术以及新材料运用到景观之中，对城市环境的改善和城市形象的树立无疑会发挥巨大作用，如图1-12所示。

（6）经济意识

景观设计中对新技术新材料的运用，并不是高档材料的随意堆积和浪费，而是综合考虑环境的多方面因素，以最恰当的形式和最低的成本，创造出舒适、美观、实用、经济的高品质环境。

1.2.2　景观设计的基本要求

当代景观设计的内容非常广泛，主要体现在三个层面，即环境景观的形象、环境的生态绿化以及大众行为心理，这三方面对于一个优良景观环境的塑造至关重要，因此，鲜明的空间形象、良好的绿化环境、足够而合理的活动场地是一个好的景观规划的基本要求，如图1-13所示。

1.3　景观设计的特点和范畴

1.3.1　景观设计的特点

（1）开放性

① 形式的开放　在整体规划、景观造型上都应具有现代人认同的时代特征和时代精神。

② 空间的开放　能产生多视野的观察角度，使人在行进和观察中留下美好的视觉印象，如图1-14所示。

▲ 图1-14　公园面向所有市民开放

（2）大众性

景观设计作为公共环境中的景物，应具有与公众产生交流的特性，能让人观赏与玩乐，触摸嬉戏。它是一种生活的艺术体现，强调满足公众使用与审美要求的通俗性倾向，强调亲和性与公共性，又给城市增添了生机与活力，如图1-15所示。

▲ 图1-15　娱乐设施为大众服务，具有很强的亲和力

（3）独特性

满足人们对健康生活与鲜明个性的追求，增添环境独特的地域风貌，如图1-16所示。

（4）综合性

景观设计将城市、广场、街道、园林、雕塑小品、公共设施等看成是一个多层次、多元化的有机结合体，设计时要综合考虑人文题材、地域特色、民俗民风、设施的使用功能、材料、环保等，涉及人文科学、艺术学、社会学、视觉心理学、民俗学、材料学等学科，设计的综合性将对人的心理、行为以及社会产生深远的影响。

▲ 图1-16　柬埔寨吴哥窟具有独特的地域特点

1.3.2 景观设计的范畴

景观规划设计主要体现在宏观、中观和微观三个层面。宏观景观设计主要侧重于对区域环境资源的评价和对区域开发的统筹规划；中观景观设计主要是针对区域和城镇中的场地进行景观规划设计，重点对该范围内的环境进行系统化的综合设计，如城市广场设计、城市绿地规划设计、居住区景观设计、城市街道及滨水带等景观系统设计；微观景观设计是宏观景观和中观景观设计的基础，也是景观形态的基本表现手段，它以景观各构成要素设计为主，涉及景观空间和形态的多方因素，如建筑、地形、植被、水体、设施、公共艺术品等。

1.4 景观的构成要素

1.4.1 自然要素

自然要素指非人力所为或人为因素较少的客观因素，如动植物、自然、地貌、天象、时令等。在进行景观设计时，要在不破坏自然生态平衡的基础上，因地制宜，对自然环境加以优化改造，既美化了环境又节约成本（图1-17）。

1.4.2 人工要素

根据不同活动的需要而人为创造的人工因素，如建筑小品、景观中的设施、艺术雕塑等，人工要素的设计要与整体环境氛围相协调（图1-18）。

▲ 图1-17 新疆五彩滩神奇的雅丹地貌吸引了无数游客

▲ 图1-18 一组艺术夸张的水龙头造型设置在通向美术馆的路边，起到引导和装饰点缀空间的作用

▲ 图1-19“点”形成的路边景观

▲ 图1-20　广场中白色的“点”起到装饰环境、增加广场情趣的作用

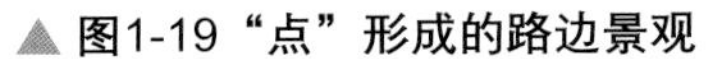

1.4.3　形态要素

形态，是指物体的整个外貌。造型要素点、线、面、体是构成一切形态的基本单位要素，它们可以构成任何形态，同时，任何形态也都可以还原为点、线、面、体。形态具有一定的形状、大小、色彩和质感。

（1）景观设计中的“点”

点，是构成一切形态的基础，它相对小而集中，视觉效果活泼多变，主要起到点缀、装饰、划分空间的作用，并有较强的视觉导向作用。运用点的聚散、秩序排列等不同组合可以创造出丰富多彩的景观形象（图1-19、图1-20）。

（2）景观设计中的“线”

线是点运动的轨迹，与点强调位置与聚散不同，它更强调方向，线具有极强的表现力，各种线型以其不同方式的组合可以构成千变万化的空间形态，是环境设计中使用最多的元素（图1-21～图1-23）。

▲ 图1-21　曲线柔和、活泼、动感、富于变化的特点在此艺术体中得到充分的表现

▲ 图1-22　线材构成的景观廊架

▲ 图1-23　公园中的线形游乐设施

▲ 图1-24　由面元素设计的路边宣传牌

（3）景观设计中的“面”

面是体的外在反映，它具有一定的形状，如几何形、自然形、有机形、偶然形等。各种形状具有不同的性格特点，在景观设计中合理地加以运用可以产生不同的视觉和心理效果。面还有虚实之分，实面是线连续运动的轨迹，清晰可见，虚面则是由点或线密集构成的实际不存在但是可以感觉到的虚面。面在景观设计中运用极其广泛，如室外环境中的休息桌椅凳、墙、地面绿化、装饰、标识牌、艺术品等（图1-24、图1-25）。

▲ 图1-25　公园中的“面”雕塑

（4）景观设计中的“体”

体与其他元素相比，显得浑厚而有分量感，是环境雕塑中常用的表现形式（图1-26、图1-27）。

（5）点、线、面、体的综合应用（图1-28、图1-29）

▲ 图1-26　休闲空间块材雕塑

▲ 图1-27　块材构成的休闲坐具

◀ 图1-28　由点、线、面、体构成的城市雕塑

◀ 图1-29　由点、线、面、体构成的景观环境

1.4.4 形式要素

好的景观设计不仅满足功能性要求，而且要满足审美性要求，并通过美的形式表现出来。那么，什么是美？美又有哪些表现形式呢？

（1）对于美的认识

对于美，没有客观的标准和法则来衡量。康德认为“美不能被任何概念所限制，但它又是必然的，也是普遍的”。一般来说，美的事物具有以下特征。

① 人们对美的判断，总是与主观情绪上的愉快或不愉快紧密联系在一起，能使人心情愉悦的事物，被认为是美的，使人产生不愉快甚至感到厌恶的，被认为是不美的。

② 美的事物具有普遍性，这是人类共性特征。但是人们对于美的认识是有差异的，这与个人的年龄、生活经历、文化修养、性格喜好等多方面因素有关。所以，美既有普遍性，也有特殊性。作为大众化的景观设计，应更多地考虑美的普遍性，设计要为大多数人接受。

③ 美好的事物常常通过某种特定形式来表现，美的形式会带来视觉美的享受。

（2）景观设计形式美法则

① 多样与统一　多样统一是指画面构图中各种要素间协调的、整体的、美的形式作用于视觉，使人们在心理上产生愉悦的感觉。在景观设计中，表现为环境中的各要素，如铺地、绿化、水体、设施、艺术体等之间形成一个和谐的整体，为人们营造出一个集功能性与观赏性于一体的优美的空间环境，在设计时要注意处理好主次关系，强调整体的统一感（图1-30）。

② 对称与均衡　对称的形式具有稳定、端庄、静态、严肃等视觉效果，识别力强，记忆率高。均衡，是指在心理上达到一种力的平衡状态，它没有对称的结构，但有平衡的重心，与对称相比，均衡的形式更为活泼、富于变化。在景观设计中，根据景观的不同要求，可创造出或稳重大气的静态美景观环境或形式活泼、富于变化的均衡美景观环境。如图1-31、图1-32所示。

▲ 图1-30　走道、绿化与多种娱乐设施构成一个和谐的儿童娱乐场

▲ 图1-31　绿化和硬地以点、线、面等形式构成了端庄、秀美的对称式景观环境（山西鹳雀楼）

▲ 图1-32　均衡式构图的景观环境给人以轻松活泼的动态美（太原双塔寺景园一角）

▲ 图1-33 球形建筑表皮设计具有极强的韵律美感，三个建筑彼此呼应相映成趣，形成一种节奏变化之美

▲ 图1-34 画面中的建筑、水体、小品对比鲜明，彼此比例协调，营造出一个自然、和谐、优美的园林景观环境（山西常家庄园）

③ 节奏与韵律 节奏是事物在运动中形成的周期性连续过程，它是一种有规律的重复，能产生较强的秩序感。韵律是节奏的深化，是在节奏的作用下所体现的情调和趋势，使形式富于律动的美感，给人带来精神上的满足。节奏和韵律常常作为景观设计的一种表现形式体现在不同的景观环境之中（图1-33）。

④ 对比与协调 对比是指形与形或形与景之间的差别，其作用在于能产生生动活泼而强烈的视觉效果，在整体造型中形成焦点。一个设计如缺乏对比会使人乏味，而强烈对比能造成感官的强刺激，引起人的注意。但是，只有对比没有协调，很难形成一个有机的整体。协调，是将各对立的要素之间进行调和，使之构成一个统一的整体，给人带来丰富而统一的审美感受。如图1-34所示。

⑤ 比例与尺度 正确的比例能引起美感。在景观构成设计中，是指把不同元素和材质组织在一起，形成大小、数量、色彩等符合美的尺度比例的、协调统一的空间关系。

1.5 中外景观设计的发展

1.5.1 中国景观设计发展概况

中国传统景观设计主要以园林为代表。它经历了长达两千多年的历史发展过程，形成了世界上独树一帜的自然山水式园林体系，有着极为丰富的文学、美学内涵。其发展大致可分成三个时期，即：先秦及秦汉时期的“自然时期”、唐宋时期的“成熟时期”以及明清时期的“鼎盛时期”。

先秦及秦汉时期的“自然时期”是从“囿”到“苑”的发展时期，其特点是占地宽广、工程浩大、人工设施增加。由汉代开端的中国园林发展进程，经过东汉、三国、魏晋南北朝到隋代中国的统一，园林发展出现了两个特点，一是在苑囿的营建中注意了游乐和赏景的作用；二是绘画技术发展与造园艺术的发展互相促进。到了唐宋时期中国古典园林的发展已经成熟，其突出的成就是造园和文学、绘画的结合，形成既富有自然之趣，又有诗情画意的自然园林。明清时期是中国古典园林的鼎盛时期，当时社会稳定、经济繁荣给建造大规模写意自然园林提供了有利条件，园林数量多、规模大、分布广、艺术性强，是历代园林不可比拟的，达到了登峰造极的境地。清代康熙、乾隆时期创建的皇家园林圆明园、承德避暑山庄、北京中南海、北海公园（图1-35）、颐和园（图1-36）是这一时期皇家园林的典型代表。清代私家园林的主要代表是苏州的拙政园（图1-37）、留园、网师园、狮子林，扬州的个园，上海的豫园，无锡的寄畅园，山西的常家庄园（图1-38）等。江南私家园林充分体现了我国园林艺术的风格，在构思、意境和造园技巧方面，与中国山水画有异曲同工之妙。

中国园林无论从设计的样式，对于自然环境的处理，还是给人们带来的情感满足和人文关怀，其设计都是杰出的。中国园林设计师们在百年之前就已经在设计理念上达到了相当的高度。农业时代中国的造园艺术、古人的地理思想和占地术、风景审美艺术、居住及城市营建技术和思想等，是宝贵的技术与文化遗产，它们都是现代景观设计学创新与发展的源泉。但景观设计学决不能等同于已有了约定俗成的中国传统造园艺术，任何一门源于农业时代的经验科学或技艺，都必须经历一个用现代科学技术和理论方法进行脱胎换骨的过程，才能更好地解决城镇化带来的人地关系问题。

中国现代景观设计起步较晚，但发展很快。20世纪80年代，景观生态学被林超、黄锡畴、陈昌笃等引入中国。第一批结合中国实际进行研究的成果有《地理学报》发表的黄锡畴和李崇皜的《长白山高山苔原的景观生态分析》（1984），景贵和的《土地生态评价与土地生态设计》（1986）。中国景观设计的发展与建筑学一样，景观设计职业先于景观设计学的形成，在大量景观设计师的实践基础上，发展和完善了景观设计的理论和方法。

▲ 图1-35　皇家园林代表作——北海公园

▲ 图1-36　皇家园林代表作——颐和园

▲ 图1-37　私家园林的代表——苏州拙政园是我国“四大名园”之一

▶ 图1-38　山西常家庄园一角

1.5.2 国外景观设计发展概况

世界各民族都有自己的造园活动，而且具有不同的艺术风格。欧洲的造园艺术特点是讲求几何图的组织，在明确的轴线引导下做左右前后对称布置，甚至连花草树木都修剪成各种规整的几何形状。形式上整齐一律、均衡对称，一切都表现为一种人工的创造，从而形成了欧洲大陆规则式的造园风格，强调人工美或几何美，认为人工的美高于自然的美。古希腊开创欧洲规则式园林；古罗马继承希腊规则式园林；从16世纪中叶往后的100年是意大利文艺复兴园林领导潮流；从17世纪中叶往后的100年，是法国古典主义园林领导潮流；从18世纪中叶往后的100年，领导潮流的就是英国自然风景园林。除了欧洲园林还有日本园林等风格各异的园林。

（1）古希腊园林

古希腊开创了西方规则式园林的先河。古希腊人在对寺庙和剧院的选址上表现出景观的庄严，赋予建筑以庄严，在每个建筑的周围种植自然的果园来维持自然主义的景观，希腊众神和其他神话的角色的故事通常与森林、灌木和更多的季节性的花联系起来。数学、几何、美学的发展影响到园林的形式，古希腊的园林采用均衡稳定的规则式布局。

在希腊古代遗址中，最为有名的当属均建造于雅典黄金时期的雅典卫城（图1-39）。雅典城得名于女神雅典娜，而卫城则是供奉雅典娜的地方。它位于雅典城中心偏南的一座小山顶的台地上，是希腊建筑艺术的代表作品。

（2）古罗马园林

古罗马北起亚平宁山脉，南至意大利半岛南端，境内多丘陵山地。冬季温暖湿润，夏季闷热，而坡地凉爽。这些地理气候条件对园林布局风格有一定影响。古罗马在学习希腊的建筑、雕塑和园林艺术基础上，进一步发展了古希腊园林文化。古罗马园林可以分为宫苑园林、别墅庄园园林、中庭式庭园园林和公共园林等四大类型。在古罗马共和国后期，罗马皇帝和执政官选择风景秀美之地，建筑了许多避暑宫苑。其中，以皇帝哈德良的庄园（图1-40）最有影响力，是一座建在蒂沃利山谷的大型宫苑园林。

古罗马时期园林以实用为主要目的，包括果园、菜园和种植香料、调料的园地，后期学习和发展古希腊园林艺术，逐渐加强园林的观赏性、装饰性和娱乐性。由于罗马城一开始就建在山坡上，夏季的坡地气候凉爽，风景宜人，视野开阔，促使古罗马园林多选择山地建造。罗马人把花园视为宫殿、住宅的延

▲ 图1-39 雅典卫城复原图

▲ 图1-40 哈德良庄园实景鸟瞰

伸，同时受古希腊园林规则式布局影响，因而在规划上采用类似建筑的设计方式，地形处理上也是将自然坡地切成规整的台层，园内的水体、园路、花坛、行道树、绿篱等都是几何外形，无不展现出井然有序的人工艺术魅力。另外还有“迷园”，迷园图案设计复杂、迂回曲折、扑朔迷离，娱乐性强，后在欧洲园林中很流行。古罗马园林后期盛行雕塑作品，从雕刻栏杆、桌椅、柱廊到墙上浮雕、圆雕，为园林增添了艺术魅力。

（3）意大利古典园林

意大利古典园林是西方造园史上一个影响深远、有高度艺术成就的重要派别，留存至今的代表作包括三大名园——兰特庄园（图1-41、图1-42）、法尔奈斯庄园、埃斯特庄园，它们充分展示了文艺复兴时

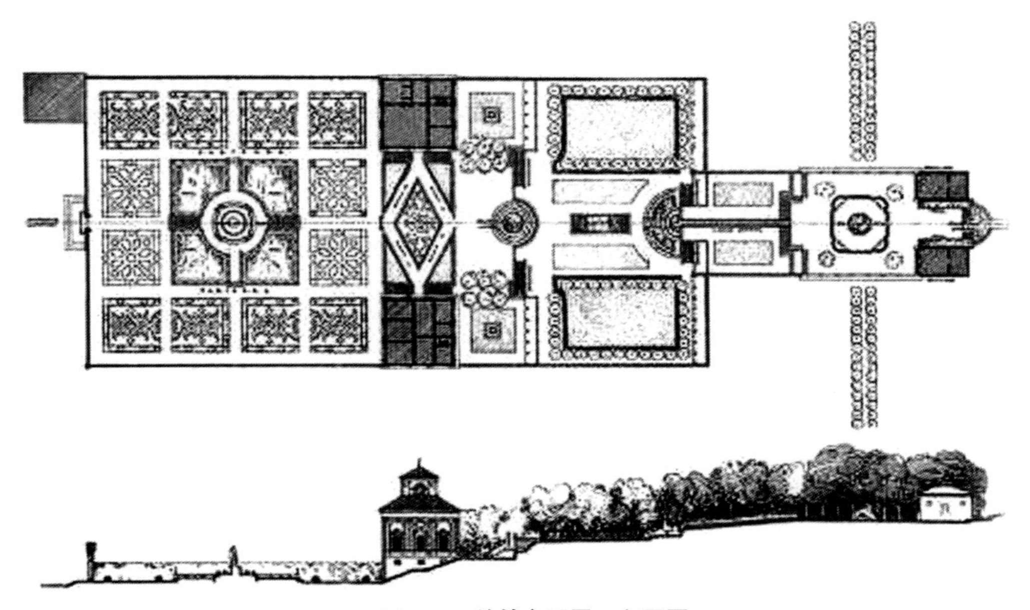

▲ 图1-41　兰特庄园平、立面图

▲ 图1-42　兰特庄园一层平台中心喷泉——星泉

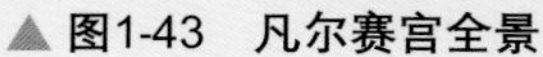

▲图1-43　凡尔赛宫全景

▲图1-44　拉冬娜喷泉

期西方造园的最高成就。其中兰特庄园地处高爽干燥的丘陵地带，1547年由著名的建筑家、造园大师维尼奥拉设计，修筑于美丽的风景如画的巴涅亚小镇，建造历时近二十年，是一座堪称巴洛克典范的意大利台地花园。

16世纪后半叶意大利古典园林多建在郊外的山坡上，构成若干台层，形成台地园。主要特征是：①由中轴线贯穿全园；②景物对称布置在中轴线两侧；③各台层上常以多种理水形式（理水是中国园林中的一个主题，又称作水体），或理水与雕像相结合作为局部的中心；④建筑有时作为全园主景位于最高处；⑤理水技术成熟，如水景与背景的明暗与色彩对比、光影与音响效果（水风琴，水剧场）、跌水、喷水、秘密喷泉、惊愕喷泉等；⑥植物造景日趋复杂；⑦迷园、花坛、水渠、喷泉等日趋复杂。

（4）法国古典园林

17世纪中叶往后的100年，是法国园林领导欧洲潮流时期。法国园林为平面图案式，法国园林选址大部分为风景特别优美的场地。种植花坛和丛林，用树篱作花坛与丛林的分界线，配以花格墙、喷泉、水渠、雕塑等。动态的喷泉与水渠流水，构成生机勃勃的庭园之魂。如凡尔赛宫（图1-43）中有现存面积为100公顷花园，以海神喷泉为中心，主楼北部有拉冬娜喷泉（图1-44），主楼南部有橘园和温室。花园内有1400个喷泉，以及一条长1.6公里的十字形人工大运河。利用宽阔的园路和水渠构成贯通的透视线，展现出宏大的园景。花园内还有森林、花径、温室、柱廊、神庙、村庄、动物园和众多散布的大理石雕像。

（5）英国自然风景园林

英国造园艺术可以说是西方艺术中的一个例外。大范围依自然曲折的道路布局的庭院景观和依画意栽种植物是英国风景园林的重要特征。进入18世纪，英国造园艺术开始追求自然，有意模仿克洛德和罗莎的风景画。到了18世纪中叶，新的造园艺术成熟，叫做自然风致园，自然派园林的鼻祖是布朗。全英国的园林都改变了面貌，几何式的格局没有了，再也不做笔直的林荫道、绿色雕刻、图案式花坛、平台和修筑得整整齐齐的池子了。花园就是一片天然牧场的样子，以草地为主，生长着自然形态的老树，有

▲ 图1-45　英国风景名园阿什比城堡

曲折的小河和池塘。18世纪下半叶，浪漫主义渐渐兴起，在中国造园艺术的影响下，英国造园家不满足于自然风致园的过于平淡，开始追求更多的曲折、更深的层次、更浓郁的诗情画意，对原来的牧场景色加工多了一些，自然风致园发展成为图画式园林，具有更浪漫的气质，如英国风景名园阿什比城堡（图1-45），如诗如画，宽阔宁静。

和其他英国风景园一样，从平面看，查茨沃斯庄园（图1-46、图1-47）是一个以建筑为核心的传统的横平竖直规整式庭院布局、典型的欧式纹绣花园、宽广的曲径蜿蜒的自然式庭院的复合体。纵横两条传统欧式园林特征的人造水体（运河、跌水），勾勒出查茨沃斯庄园明确的景观轴线，轴线控制下自然布局的农场、岩石园、湖泊等庭院景观使“风景园”这一独特的英国园林风格跃然眼前。

（6）日本园林

日本园林以其清纯、自然的风格闻名于世。它有别于中国园林着重体现和象征自然界的景观，日本园林创造出一种简朴、清宁的致美境界。日本园林更注重对自然的提炼、浓缩，突出象征性。日本园林的精彩之处在于它的小巧而精致，枯寂而玄妙，抽象而深邃。日本园林就是用这种极少的构成要素达到极大的意韵效果。日本园林在长期的发展过程中形成了自己的特色，产生了颇有特色的庭园景观园林

▲ 图1-46　英国风景名园查茨沃斯庄园（一）

▲ 图1-47　英国风景名园查茨沃斯庄园（二）

▲ 图1-48 日本庭园

▲ 图1-49 东福寺方丈北庭

（图1-48）。从种类而言，日本庭园一般可分为枯山水、池泉园、筑山庭、平庭、茶庭、露地、回游式、观赏式、坐观式、舟游式以及它们的组合等。枯山水又叫假山水，是日本特有的造园手法，系日本园林的精华。其本质意义是无水之庭，即在庭园内铺白砂，缀以石组或适量树木，因无山无水而得名。位于日本京都的东福寺方丈北庭（图1-49）是日本昭和时代的枯山水庭园，建于20世纪二三十年代，其最具特色的是，这一庭园中，由苔藓和石块构成棋盘似的小方块，宛如退潮时海岸边的泡沫。它以一条曲线收边，边缘处种以成片的低矮灌木丛，配上星星点点静静开放的杜鹃花，给宁静的庭园添了几分生气。

1.5.3 现代景观设计的形成

景观学是从综合自然地理学中衍生而来的，历史源远流长。20世纪初景观地理学在德国的兴起，标志着近代地理学的诞生。经苏联时期多方面发展，景观地理学形成了第一个高峰。20世纪80年代以后北美景观生态学的兴起，为景观学带来了新的理论突破，加之在广泛应用中的技术发展，形成了景观学的第二个高峰，更是形成了以景观生态学为代表的新一代的景观科学。在美国纽约中央公园（图1-50、图1-51）的

▲ 图1-50 美国纽约中央公园鸟瞰

▲ 图1-51 美国纽约中央公园局部

设计和建造中提出了一系列建设城市公园绿地系统的思想，创造性地利用景观，使城市环境变得自然而适于居住。自然与城市生活相融合，将生态思想与景观设计相结合。20世纪80年代以后北美景观生态学的兴盛无疑为景观建筑与景观规划注入了新的活力。他们在应用中丰富和发展了景观生态学的思想，并将景观规划建筑学纳入现代景观科学的范畴。

现代景观设计是一门关于如何安排土地及土地上的物体和空间来为人创造安全、高效、健康和舒适环境的科学和艺术。它是人类社会发展到一定阶段的产物，也是历史悠久的造园活动发展的必然结果。景观设计师最早于1858年由美国景观设计学之父老奥姆斯特德非正式使用，于1863年正式作为一种职业的称号，第一次在纽约中央公园委员会中使用。1900年，小奥姆斯特德和舒克利夫首次在哈佛大学开设了景观规划设计专业课程，并在全美国首创了4年制的景观规划设计专业学士学位，经过许许多多景观设计师先驱们的不懈努力，现代景观设计在理论与实践上都取得了很大成就，而美国景观设计专业发展的成熟和完善则值得研究和学习。现代意义上的景观规划设计，因工业化对自然和人类身心的双重破坏而兴起，以协调人与自然的相互关系为己任。与以往的造园相比，最根本区别在于，现代景观规划设计的主要创作对象是人类的家，即整体人类生态系统，其服务对象是人类和其他物种，强调人类发展和资源及环境的可持续性。

近来关于人居环境的研究渐成热点，其内容包括自然环境、人口（居民）、社会结构、建筑与城市以及交通、通信网络等。景观规划建筑学在人居环境研究中起到了十分重要的作用。城市属于一种人工创造的、以建筑物为基质的特殊人类文明景观，具有高密度（空间拥挤）、高流量（能流、物流、信息流大）的特点，景观建筑规划追求的目标是把自然引入城市和使建筑体现文化。这门应用学科的发展具有鲜明的时代特征，符合人类走向绿色文明的需求，同时也推动了景观科学的革新和发展。

单元小结

景观设计主要是指对建筑外部空间或者特定区域内环境的自然要素和人工要素进行综合考虑，为人们创造出舒适、方便、美观且多样化的活动空间，其核心是协调人与自然的关系。它涉及多学科领域，是人类寻找人与自然相互平衡的有效手段，是提高人类物质、精神、生理等多方面生存需求的良好途径。

景观设计应树立以人为本、生态意识和文脉延续的观念。

景观设计应满足使用功能，同时具有审美功能、保护功能、综合功能（满足多种活动需求）。

景观设计应具有开放性、大众性、独特性、综合性等特点。

景观设计的形态要素是指点、线、面、体。

景观设计讲究艺术与科学相结合，景观设计应符合形式美法则。

景观设计可以从三个层面来理解：宏观、中观和微观景观设计，本书侧重于微观景观设计。

中国传统园林是世界上独树一帜的自然山水式园林体系，与西方“整理自然”的造园风格形成鲜明对比。它由建筑、山水和花木组成，叠山理水之时有“虽由人作，宛自天开”的境界；造园手法上采用高低疏密、虚实结合、抑扬顿挫等多种表现形式，讲究自然之美，追求意境之深邃，动静结合，体现出含蓄自然的人文情趣。

思考练习

1. 什么是景观设计？其特点是什么？
2. 室外景观的构成要素有哪些？
3. 景观设计的原则和基本要求是什么？
4. 形式美法则对于景观设计有什么意义？试举例说明。
5. 简述中国明清园林的特点，指出它与法国园林的区别。
6. 总结英国园林的特点及其与中国园林的异同。
7. 现代景观设计主要解决的问题是什么？

课题设计实训

选取所在城市的一处景观空间，对它的特点进行分析，图文结合，做一个PPT在班上讲解交流。

2

景观空间设计

知识目标

理解景观空间的内涵和特点

了解景观空间的类型和构成形式

掌握景观空间的设计原则和设计方法

熟知并掌握景观空间的设计手法及要点

能力目标

能够运用景观空间的设计原理和方法进行景观空间的设计

2.1 景观空间的概念和特点

2.1.1 景观空间的概念

空间是物质存在的一种客观形式，是物质存在的体量、位置与形态，不同空间影响着人们的感觉和视觉感受。空间由长度、宽度和高度表示出来。空间是相对于实体而言的，它与实体相互依存不可分割。空间渗透实体，实体对空间具有限定作用，空间与实体相比，具有不确定性，因为它不像实体那样有具体的形态、材质以及色彩等，但是空间存在着可认知性，可以通过对其相关环境的判断来获得空间的形状、心理感受等。要创造一个好的空间，就要充分用好实体要素，实体要素的存在可以构筑出无数种不同形式的空间。实体要素主要是指地形、建筑、地面、植物、水体、设施、艺术体等。

2.1.2 景观空间的特点

景观空间主要是指建筑的外部空间，它没有具体的形状和明确的界限，因此具有不确定性的特点，这种不确定性具体表现为空间的模糊性、开放性、透明性和层次性，可从图2-1中体会。

▲ 图2-1 景观空间具有不确定性的特点

2.2 景观空间的构成形式

室外空间形式无限、变化万千，但是总体上不外乎三种构成形式：容积空间、辐射空间、立体复合空间。

2.2.1 容积空间

容积空间是指由实体围合而构成的空间形式，也叫做围合空间。这个空间被周围实体包围，使其与围护之外的空间相隔离。容积空间是封闭空间，具有向心、内聚的特点，给人以亲切、安定的感觉。典型的围合空间如图2-2、图2-3所示。

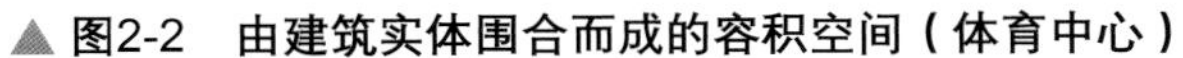

▲ 图2-2　由建筑实体围合而成的容积空间（体育中心）

▲ 图2-3　院落式围合空间（山西乔家大院）

2.2.2　辐射空间

辐射空间是指空间中的一个实体对其周围一定范围的空间产生凝聚力所界定的空间领域。这种由于实体占领而构成的空间具有扩散、外射的特点，人可以感受到它主宰周围空间的辐射力。如在艺术雕塑周围一定空间范围内人们似乎可以感受到以此雕塑为中心所形成的一个“场”，如图2-4所示。

▲ 图2-4　以艺术雕塑为中心形成一个“场”

▲ 图2-5 多个艺术体组合把一个空间分隔成两部分

▲ 图2-6 点状景观

▲ 图2-7 公园点状景观——凉亭（晋祠宾馆园景）

2.2.3 立体复合空间

所谓立体复合空间，是指由数个实体组合而形成一个无形的边界，从而限定出一个空间范围。它是前两种空间的综合，也就是在立体空间中，既有实体占领形成的局部空间，又有实体之间的张力相互作用而界定的复合空间，如图2-5所示。

2.3 景观空间的类型

2.3.1 按构成形式分类

按构成形式景观空间可分为点状景观、线状景观和面状景观。

（1）点状景观

点状景观是相对于整个环境而言的，其特点是景观空间尺度较小且主体元素突出易被人感知与把握。一般包括住宅的小花园、街头绿地、小品、雕塑、街心小公园、十字路口、各种特色出入口等，如图2-6、图2-7所示。

（2）线状景观

主要包括城市交通干道、步行街道及沿水岸的滨水休闲绿地，如图2-8、图2-9所示。

▲ 图2-8 城市交通干道景观

▲ 图2-9 美丽的龙潭湖畔（太原龙潭公园）

（3）面状景观

主要指尺度较大、空间形态较丰富的景观类型，如图2-10 ~ 图2-12所示。从城市公园、广场到部分城区，甚至整个城市都可作为一个整体面状景观进行综合设计。

2.3.2 按活动性质分类

按活动性质景观空间可分为休闲空间和功能空间。

▲ 图2-10 忻州古城秀容书院

▲ 图2-11 城市广场

▲ 图2-12 常家庄园中的百狮园

▲ 图2-13　公园凉亭优雅静逸，是游人休息赏景的好地方

▲ 图2-14　休闲空间

▲ 图2-15　跨河立交步行桥为游人过河和赏景提供了方便

（1）休闲空间

休闲空间是指供大家休息、放松的环境空间，如公园凉亭（图2-13）、居住区广场（图2-14）、游乐场、步行街等。

（2）功能空间

功能空间是指具有不同使用功能的公共场所，如交通广场、纪念性广场、步行桥（图2-15）等。

2.3.3 按人际关系分类

按人际关系景观空间可分为公共性空间、半公共性空间、半私密性空间和私密性空间，如图2-16～图2-19所示。

① 公共性空间　一般指尺度较大，开放性强，人们可以自由出入，周边有较完善的服务设施的空间，人们可以在其中进行各种休闲和娱乐活动，因此又被形象地称为“城市的客厅”。

② 半公共性空间　有空间领域感，对空间的使用有一定的限定，如居住区之内的活动场地。

③ 半私密性空间　领域感更强，尺度相对较小，围合感较强，人在其中对空间有一定的控制和支配能力。如门前开敞式花园、宅间空地、安静的小亭等地方。

④ 私密性空间　是四种空间中个体领域感最强，对外开放性最小的空间，一般多是围合感强、尺度小的空间，有时又是专为特定人群服务的空间环境，如住宅庭院、公园里偏僻幽深的小亭等。

▲ 图2-16　公共性空间

▲ 图2-17　半公共性空间

▲ 图2-18　半私密性空间

▲ 图2-19　私密性空间

2.3.4 按景观空间的形态分类

（1）下沉式空间和抬高式空间

下沉式空间具有隐蔽性，属半私密性空间，如下沉式广场，如图2-20所示；抬高式空间的特点类似于舞台，突出醒目，较适于标志性物体，如图图2-21所示。

（2）凹凸空间

凹空间较安静，少受干扰，是外环境中的私密性、半私密性空间常采用的形式，如图2-22所示；凸空间的特性与凹空间正好相反，开放性强，如图2-23所示。

▲ 图2-20 下沉式空间

▲ 图2-21 抬高式空间

▲ 图2-22 凹空间内向幽静

▲ 图2-23 凸空间外向开放

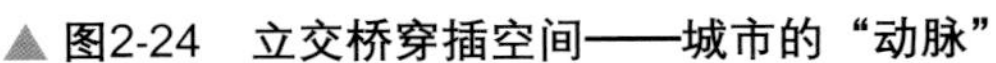

▲ 图2-24　立交桥穿插空间——城市的“动脉”

▲ 图2-25　长廊空间中的立柱把长廊又划分出若干个子空间

（3）穿插空间

娱乐性穿插空间结构复杂，层次丰富，具有较强的艺术性；功能性穿插空间纵横交错，对人流的组织和分散、各空间的融合、交流与联系起着重要作用，同时增加了空间的艺术性，如城市立交桥（图2-24）。

（4）母子空间

母子空间是指景观环境中“空间中的空间”，一般尺度较小，有亲切感，具有私密与公共、封闭与开放并存的特点，如图2-25所示。

（5）虚拟空间和虚幻空间

虚拟空间是指在已界定的空间中，通过局部色彩、肌理等变化再次限定的空间，如图2-26所示；虚幻空间是指由镜面反射原理形成的实际上并不存在的影像空间，它可以丰富真实景观的空间层次、增加空间的深度感，如图2-27所示。

▲ 图2-26　图中每个伞状造型都限定出一个虚拟空间，而地面不同材质、花色的铺装也限定出休息区和行走区

▲ 图2-27　布达拉宫广场雨后积水映照出布达拉宫倒影，形成了本不存在的虚幻空间

2.4 景观空间的设计原则

2.4.1 视觉设计原则

（1）视觉意义上的空间

对于正常人，大约75%～87%的信息是通过视觉获得的，同时90%的行为是由视觉引起的。人们往往通过视觉感知外界的变化，外部空间往往通过形状、色彩、光影来反映空间形态，最终表达空间的比例尺度、阴影轮廓、统一协调、韵律节奏、意境、美感等，完全是视觉意义上表达的空间概念。在城市景观环境中，外环境的设置就是要吸引人的目光、表达新的信息，指导行为的完成。

（2）需要满足一定的距离

把25m左右的视距作为空间设计的尺度基础。距离近有利于交流，人们的视距以25m左右为视觉模数，空间也以25m作为转换，人们处于和对象25m的距离，心理会有所变化，通过视觉开始传达信息。可以在人的日常通行路线25m左右的范围内布置外环境，使建筑外环境能够出现在视觉范围内，为人们的交往提供广泛的场所。

（3）必须有个好的视野

看清对象，除了需要有足够的视距外，还应有良好的视野，同时保证视线不受干扰，才能完整而清晰地看到“景观”。视野是脑袋和眼睛固定时，人眼能观察到的范围。眼睛在水平方向上能观察到120°的范围景物；在垂直方向能观察到130°的范围景物，其中以50°的范围景物较为清晰；中心点15°的范围景物最为清晰。在环境的整体设计中，应有主有次，由主要的空间处可以看见其他外环境，为人们的参观、交往提供场所，如图2-28所示。

▲ 图2-28　视觉设计原则

▲ 图2-29　利用矮墙和地面变化界定和划分空间

（4）应提供停留空间

当有可供观察的对象时，人们会自然地围合成一个空间，把对象围在中间。人们选择座位时，总是喜欢选择能够很好地观察周围景色的地方，边休息边注视着四周的活动，同时也喜欢背后、头顶有遮挡的地方，心理上会觉得安全。在现实生活中，经常会看到树下、墙角等地方总是聚集着一些人，而空旷的地上很少有人长时间停留。

（5）要有良好的形象

美好的形象，能使人心情愉悦，给人以美的视觉享受。环境中具备了合适的观看距离、好的视野以及停留空间，是为了观看到好的景观，即景观空间必须有鲜明、美好的形象才能把人的视线留住，使人流连忘返。

2.4.2　空间层次设计原则

（1）景观空间的边界

边界是人们进入环境的界限，明显边界的出现，有助于让人们从心理上感到进入另外一个空间，增强对外环境空间的领域感，同时也界定了空间范围。

景观空间的边界处理手段是多种多样的，可以利用绿篱、栏杆、矮墙、高差、台阶、坡道、建筑物的外墙、铺地变化等进行边界的划分，如图2-29所示。

（2）空间引导

景观或空间有时会被周边的树丛、建筑等遮挡，使人们不容易发现它的存在，从而使景观失去了价值。这样在进入景观环境之前，需要采用各种引导手段，使人直接或间接地到达。设计时可以通过道路、台阶、坡道、标牌、空间导向物等能够表达一定方向的设施的引导，向人们暗示前面空间的到来。

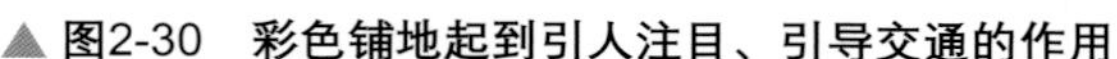

▲ 图2-30　彩色铺地起到引人注目、引导交通的作用

▲ 图2-31　景观空间的视觉层次

在城市景观环境设计时，主要是对道路、台阶、坡道、指示牌进行精心地设计，表达一定的方向意图，也可以对地面材质、色彩、文字和符号的设计进行总体把握，如图2-30所示。

（3）景观空间的视觉层次

景观环境应有视觉层次，处理好前景、中景和背景的关系，反映更多的内涵。一座雕塑会成为一个视觉中心，但也应有基座、地面和周围环境的陪衬，更需有一个好的视距、视点，使外环境以一个有序的整体出现在视线中。同时考虑各个角度的观瞻，形成多角度、多层次的景观环境，如图2-31所示。

（4）局部空间设计原则

景观空间中有相对独立意义的小空间，是景观环境的重要组成部分。一般来说有休息的空间、行走的空间、听的空间、看的空间等。

① 休息的空间

a. 座椅位置的合理选择是能够吸引人们注意、让人们逗留的前提。座位的布置应视具体情况分别对待，确保每一座椅凳和每一小憩处都形成各相适宜的具体环境，如布置在角落处、凹处等能提供舒适、安全、良好的环境。

b. 座椅摆放方式的不同对人们的交谈等活动有很大的影响，有桌角式、并排式、对面式等，人们座位选择的不同也能反映他们的亲密程度。

c. 设计者应考虑座位的美学效果，材质、色彩的选择应和周围的环境相协调，造型也应独特、新颖、统一协调，考虑座椅本身的舒适度和视觉效果，达到人们生理和心理的满足，如图2-32所示。

② 行走的空间　匆忙赶路的人对空间不太留意，而散步者却对空间有要求并有强烈的依赖性。对空间的要求表现在周围的景色、好的路况以及好的路面材料，如图2-33所示。

（a）一字式，根据人际关系可亲可疏

（b）发射式，陌生人避免视线相遇

（c）围合式，有凝聚作用方便交谈

（d）桌角式，人与人之间可调整距离，既便于视线交流也可避开视线

▲ 图2-32　不同造型和不同摆放形式的公共座椅会使就座者产生不同的感受

▲ 图2-33　优美舒适的行走空间

▲ 图2-34 巨大的喷泉连同它喷涌的水声吸引了众多游客

▲ 图2-35 硬化路面与建筑主体隔水相望，为游人观景提供了空间距离

③ 听的空间 满足听觉要求也是景观设计的重要方面。在城市公共空间内，人们总是选择比较安静的角落，获得一种心理上的放松。与此同时，通过设置喷泉、流水、音乐甚至鸟叫声也能使人们心情舒畅，身心放松，如图2-34所示。

④ 看的空间 应对看的位置、方向、距离以及观看的景观进行精心的设计，满足视觉要求，提高环境质量，为人们在空间内进行有益的活动创造条件，如图2-35所示。

2.5 景观空间的设计

2.5.1 水平方向空间设计

根据景观的功能要求，通过肌理变化、色彩变化以及墙体、绿化隔断、设施等实体来划分空间平面。绿地、水体、花坛、灌木、大树、护栏、矮墙、阻拦设施、座椅等都可以将景观空间平面划分出不同功能区，如图2-36、图2-37所示。

▲ 图2-36 水平方向空间设计（一）

▲ 图2-37 水平方向空间设计（二）

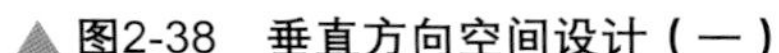

▲ 图2-38 垂直方向空间设计（一）

▲ 图2-39 垂直方向空间设计（二）

2.5.2 垂直方向空间设计

① 使基面下沉或抬高营造下沉式空间或抬高式空间，增加空间垂直方向的变化如图2-38所示。

② 利用构件、桥等在空中架起，形成多层次的景观空间，如图2-39所示。

2.5.3 景观空间的组织

再简单的景观空间也是由不同的元素以空间单元形式构成的，因此设计中就涉及对各空间单元进行组织编排的问题，以达到功能合理、形式美观、满足使用与审美的需求。空间的组织有以下几种形式。

① 并列空间　空间单元功能相同或相近，或是没有主次关系的单元，可组成并列的空间。如户外健身场地主要是由各种不同功能的运动器械组成的，它们的组织形式可以是以平面构成的发射构成、重复构成、聚散构成等多种形式组成。

② 主从空间　景观环境中各空间单元的功能有明显的主次关系，可组织成主从空间。主空间一般占据景观环境的重要位置，空间尺度较大，处理较详细。而次要空间处于次要位置，处理手段较为简化。

③ 序列空间　景观环境中各空间单元的功能有明确的前后次序，则组织成序列空间。常见的有展示性空间、纪念性空间、观赏性空间等，它们要求进入空间的人必须按照一定的秩序通过各个空间，把人的活动连贯起来从而达到空间设置的目的，体现出一个完整的过程。

▲ 图2-40 起伏

2.5.4 景观空间的艺术设计手法

（1）起伏

景观地面的高低起伏，会隐藏和暴露部分景物，凸起部分会遮挡人的视线，使人产生好奇，增加空间的趣味性和吸引力，同时也丰富了空间的层次，如图2-40所示。

（2）曲折

曲折手法的运用同样可以丰富空间层次，增加人的停留时间，使人产生玩味无尽的妙趣，并使空间产生深邃的意境，如图2-41所示。

▲ 图2-41　曲折

（3）借景与框景

借景是指把外部的景观引入内部空间，充分利用环境有利条件丰富景观空间的视觉效果（图2-42）。框景是指外部的景观通过门洞、窗框等得到强化，营造景观气氛（图2-43）。

▲ 图2-42　借景

▲ 图2-43　框景

单元小结

空间是物质存在的一种客观形式，是物质存在的体量、位置与形态，不同空间会对人们的生理和心理带来不同的感受。

景观空间形形色色，按构成形式可分为点状景观、线状景观和面状景观；按活动性质可划分为休闲空间和功能空间；从人际关系的角度可分为公共性空间、半公共性空间、半私密性空间和私密性空间；从空间形态可分为抬高空间、下沉空间、凸凹空间、穿插空间、母子空间、虚拟空间和虚幻空间等。

景观空间设计要满足视觉需要，运用起伏、曲折、借景等多种手段创造出丰富的空间层次，重视局部空间的设计并注意彼此之间相互协调。

思考练习

1. 景观空间的特点是什么？
2. 景观空间有哪些类型？它们各自有什么特点？
3. 景观空间有哪些构成形式？

4. 视觉设计原则的具体内容是什么？
5. 休息空间的设计应注意哪些方面？
6. 在景观空间设计中应考虑哪些因素？

课题设计实训

选择附近的景观环境仔细观察，从空间布局、地形变化到各种景观元素及其分布进行分析，这个环境有什么特色？它哪些地方最吸引人？有没有需要改进的地方？三人为一组，结合图片，用电子课件完成一份分析报告，并在课堂进行演讲。

3

景观的构成要素及其设计

知识目标

熟知景观的各种构成要素及其特点

掌握景观要素设计的原则、要求和方法

能力目标

掌握地形、植物、水体、设施、雕塑等各种景观构成要素的设计手法

能够根据景观性质及总体要求进行景观构成要素的设计

室外景观环境是由地形、植物、水体、设施、公共艺术体、景观小品等元素构成的，它们各自有自己的功能和特点。

3.1 地形

3.1.1 地形及地形设计的相关概念

地形是地物形状和地貌的统称。具体指地表以上分布的固定性物体共同呈现出的高低起伏的各种状态。地形承载着建筑、植物、山水、铺装、小品等景观元素，是构成景观的基本骨架，是其他设计元素布局的基础。地貌是在地形基础上进一步探究地表形态的差异和成因的科学。地形偏向于局部，地貌则是整体特征。

地形设计是对地表高低起伏的形态进行人工的重新布局，是景观总体设计的主要内容，它能丰富景观空间层次，对景观的整体空间特色起着关键作用。地形分为平地、坡地和山地。

3.1.2 地形的种类

（1）平地景观

坡度小于5%以下的缓坡地都属于平地。景观中的平地大致有草地、集散广场、交通广场、建筑用地等。它可以用来接纳和疏散人群，组织各种活动，供游人游览、休息、集会等，视线开阔，如图3-1所示。

▲ 图3-1 平地景观视野开阔

（2）坡地景观

坡地一般与山地、丘陵或水体并存。坡地的高程变化和明显的方向性（朝向）使其在景观用地中具有广泛的用途和设计灵活性，如用于种植，提供界面、视线和视点，塑造多级平台、围合空间等，如图3-2所示。

▲ 图3-2　坡地景观增加空间层次

坡地根据坡度的大小可分为缓坡地、中坡地、陡坡地、急坡地和悬崖、陡坎等，如图3-3～图3-5所示。

缓坡地：作为人们活动场地和种植用地，且道路、建筑布局均不受其他地形约束。

中坡地：建筑群布置受限制，如不通行车辆，则要设台阶或平台，以增加舒适性和平立面变化。

陡坡地：一般作为种植用地。

急坡地：一般用作种植林坡，其上的道路一般需曲折盘旋而上，建筑需做特殊处理。

悬崖、陡坎：在悬崖上种植时，需采取特殊措施（如挖鱼鳞坑、修树池等）来保持水土和涵养水源。

▲ 图3-3　台阶形成的坡地起到限定和划分空间的作用

▲ 图3-4　悬崖陡坡景观

◀ 图3-5　自然山地景观设计

▲ 图3-6　色达五明佛学院山地景观

▲ 图3-7　人工建造的土石山景观

（3）山地景观

山地是地形设计的重要组成部分，它直接影响到景观空间的组织、景物的安排、天际线的变化和土方工程量等。景观环境中的山地除自然界的真山以外，大多是利用原有地形经适当改造而成的假山，因此，景观环境中的假山营造才是山地设计的重点。景观中的山地多为土山。如图3-6所示。

① 假山的特点　假山是以造景游览为主要目的，以土、石等为材料，以自然山水为蓝本加以艺术的提炼和夸张，创造而成的可观可游的人工景观。

② 假山的类型　按营造假山的材料来分，有土山、石山、土石山三类，如图3-7、图3-8所示。

③ 假山的设计要点（图3-9、图3-10）

a. 未山先麓，陡缓相间；b. 透迤连绵，顺乎自然；c. 主次分明，互相呼应；d. 左急右缓，勒放自如；e. 丘壑相伴，虚实相生。

（4）地形设计的相关概念及作用

① 地形　指地物形状和地貌的总称，具体指地表以上分布的固定性物体共同呈现出的高低起伏的各

▲ 图3-8　公园假石山喷泉景观

▲ 图3-9　山石要做到主客分明

▲ 图3-10　主峰、次峰遥相呼应

种状态。地形与地貌不完全一样，地形偏向于局部，地貌则是整体特征。地形是地物与地貌的统称，即地表的形态。诸如山脉、丘陵、河流、湖泊、海滨、沼泽等均归属之。

② 地貌　是在地形的基础上再深入一步探究地表形态的差异和成因的科学。

③ 地形设计　对地表高低起伏的形态进行人工的重新布局称为景观的地形设计。地形设计是竖向设计的一项主要内容，如阶梯式的地形设计使空间层次更为丰富（图3-11）。

▲ 图3-11　阶梯式的地形设计使空间层次更为丰富

3.1.3　地形的作用

① 构成景观骨架　地形被认为是构成任何景观的基本骨架，是其他设计元素布局的基础，如地形平坦的景观用地，有条件开辟大面积的水体。因此其基本景观往往就是以水面形象为主的景观；地形起伏大的山地，由于条件所限，其基本景观就不会是广阔的水体景观，而是突兀的峰石和莽莽的山林。

▲ 图3-12　湖面、拱桥、坡地构成地形变化层次丰富的园林景观

② 形成和限定空间　景观空间的形成是由地形因素直接制约的。地形是最常见的划分和限定空间的介质。例如山丘顶上的开敞空间、俯瞰空间，山谷之间的较为封闭的空间、洞穴空间等；一条河的横亘使空间分为两个部分，彼此之间可以相望，却不易通达；一个小的池塘可以形成空间围合的核心等。因此，地形对景观空间的形状具有决定性作用。

③ 美学功能　地形对任何规模景观的韵律和美学特征都有着直接的影响。一方面，自然山水地形本身就是自然景观的重要组成部分；另一方面，在景观设计中，可以根据造景需要适当地改造地形，或者因地制宜对其加以修整和利用，从而改变和丰富景观空间。

④ 实用功能　地形的实用功能体现在三个方面：一是利用地形排水；二是利用地形创造小气候条件；三是指一些地形因素对景观管线工程的布置、施工以及建筑、道路的基础施工都存在着不同的影响。

如图3-12所示为湖面、拱桥、坡地构成地形变化层次丰富的园林景观。

3.1.4　地形设计的原则

地形是人性化风景的艺术概括。不同的地形、地貌反映出不同的景观特征，它影响其他景观要素的布局与景观风格。因此，地形设计应遵循以下两个基本原则。

① 因地制宜、顺其自然的原则　在进行地形设计时，应在充分利用原有地形地貌的基础上，加以适当的地形改造，在进行地表塑造时，要根据景观分区和功能特点处理地形。如游人集中的地方和体育活动场所要求地势平坦，划船游泳则需要有河流湖泊，登高眺望需要有高地山冈，文娱活动需要有很多室内、室外活动场所，安静休息和游览赏景则要求有山林溪流、石畔、疏梅弄影等。

② 地形与其他景观要素相结合的原则　景观空间是一个综合性的环境空间，可行、可赏、可游、可居是景观设计所追求的基本理想。地形与景观要素中的水体、建筑、道路、植物等结合在一起，景观设计的实质就是在地形骨架上合理布局景观要素及它们之间的比例关系。设计的目的是为改善环境、美化环境，使其周围空间尽量趋于自然化。

3.1.5　地面铺装

地面铺装和植被设计在手法上均表现为构图，其目的都是为了诱导交通视线（包括人流、车流），方便使用，提高环境的识别性。

（1）地面铺装的作用

① 为地面高频率的使用提供方便，避免雨天泥泞难走，为清扫工作带来便利等；

② 给使用者提供适当范围的坚固的活动空间；

③ 通过布局和图案引导人行流线。

（2）地面铺装的类型

根据铺装的材质，地面铺装的类型可以分为以下几类。

① 沥青路面：多用于城市道路、国道。

② 混凝土路面：多用于城市道路、国道。

③ 卵石嵌砌路面：多用于公园、广场。

④ 砖砌铺装：多用于城市道路、小区道路的人行道、广场。

⑤ 石材铺装。

⑥ 预制砌块。

地面铺装的手法在满足使用功能的前提下，常常采用线性、拼图等手法，运用不同色彩、不同材质的搭配，为使用者提供活动的场所或者引导行人顺畅地到达既定的地点。

（3）地面铺装的设计要点

在现代的城市景观当中要想创造宜时、宜地、宜景的铺装景观，就要明确铺装景观文化主题，明确铺装景观在空间中的定位，这些跟场所空间的具体属性密切相关。不同的空间主题，对铺装设计的要求也不大相同，如图3-13～图3-15所示。

▲ 图3-13　回归自然的铺地效果

▲ 图3-14 水岸上木质铺地给人以亲切温暖感

▲ 图3-15 繁华空间的铺装构图要富有活力

▲ 图3-16 地面鲜明的色彩搭配营造出儿童娱乐区的特点

▲ 图3-17 草坪中的卵石铺装

广场和场地常用的材料以各种人造砖石、花岗岩板、毛石板、鹅卵石等居多，砖石表面质感有光面、毛面、凹凸粗糙等肌理和纹理，在供人们行走的路面，尤其是坡路，不宜采用表面光滑的地砖，以免雪天和雨天路面太滑行走不便。地面铺装设计必须关注以下几个方面。

① 色彩　在地铺色彩的选用上一般选用比较沉稳、中性的色彩，色彩不要太鲜艳，局部可以选用鲜明而不俗气的色彩作为调节变化。另外在铺装设计中有意识地利用色彩变化，可以丰富和加强空间的气氛。如儿童游乐场可用色彩鲜艳的铺装材料（图3-16）。另外，在铺装上要选取具有地域特征的色彩，这样才可充分表现出景观的地方特色。

② 纹样　在铺装设计中，纹样起着装饰路面的作用，可以用多种多样的图案纹样来增加景观特色（图3-17、图3-18）。路径设计用材一般选用自然化、乡土化的石材、石板、天然石块和鹅卵石等材料；在清净、淡雅、朴素的林间小道，设计嵌草路面，在草坪中点缀步石。还有花岗岩与卵石相结合，既可满足行人的正常行走，又能作为健步道，按摩足底穴位达到健身目的，在景观上还因材料色彩、质感的对比而显得更加生动（图3-19）。另外在路面上还有以寓言故事等多种图案为题材的铺地。

③ 质感（图3-20）　不同地铺材料的质感能创造出不同的美感效应，如花岗岩板材给人的感觉是坚硬、华丽、典雅；青石板赋予环境以古朴与简洁；陶瓷类面砖铺装明快、色彩丰富、组合多样；混凝土砌块给人以朴素和简单的感觉等。现代铺装材料中运用人造瓷砖的数量很多，质感选择非常丰富，且有防滑功能设计。

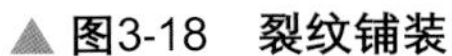

▲ 图3-18　裂纹铺装

▲ 图3-19　卵石铺装可以增加摩擦力，同时有按摩脚底的作用

▲ 图3-20　毛石铺装朴实自然

④ 尺度（图3-21）　铺装图案的尺度对场地空间也能产生一定的影响。通常大尺寸的花岗岩、人造砖石等板材适宜大空间，中、小尺寸的地砖适用于一些中、小型空间。利用小尺寸的铺装材料组成大面积的色彩效果或图案，也可以与大空间取得比例上的协调。

⑤ 形状（图3-22～图3-24）　铺装的形状要素是通过平面构成要素中的点、线、面得以表现的。不同的形产生不同的心理感应，方形（包括长方形和正方形）整齐、规矩，具有安定感，方格状的铺装产

▲ 图3-21　大尺度的开放空间，铺装要整齐、简洁

▲ 图3-22　方形嵌草铺装既增加绿地面积，也显得规整

▲ 图3-23　花岗岩方砖铺装的林间小路

▲ 图3-24　建筑入口地面的曲线形图案，起到强调重点和装饰美化环境的作用

生静止感，暗示着一个静态停留空间的存在：三角形零碎、尖锐，具有活泼感，如果将三角形进行有规律的组合，也可形成具有统一动势的有很强的指向作用的图案；圆形完美，柔润，是几何形中最优美的图形，水边散铺圆块，会让人联想到水面波纹、水中荷叶；景观中还常用一种仿自然纹理的不规则图形，如乱石纹、冰裂纹等，使人联想到荒野、乡间，具有自然、朴素感。

3.2 植物

3.2.1 植物的生态效应

植物可调节空气的温度、湿度和流动状态；可吸收二氧化碳释放出氧气，还能阻隔、吸收烟尘，降低噪声；能挡风蔽日、水土保护，降低环境中的热岛效应。

3.2.2 植物的造景作用

社会经济的快速发展，使得生态平衡失调，人们对于绿色空间更加向往，而植物的大量应用是改善人类生活环境的根本措施之一。

（1）利用植物表现时序景观

在景观设计中，植物随着季节的变化表现出不同的季相特征，春季繁花似锦、夏季绿树成荫、秋季硕果累累、冬季枝干遒劲。根据植物的季相变化，把具有不同季相的植物进行搭配种植，使得同一地点在不同时期具备不同的景观变化效果，可以表现出极强的季相变化，给人以不同的时令感受。如图3-25所示枫叶。

▲ 图3-25　枫叶染红是秋天的标志

（2）利用植物形成空间变化

在空间上，植物具有构成空间、分隔空间、引起空间变化等功能。植物造景可以通过人们视点、视线、视镜的改变而产生“步移景异”的空间景观变化。一般来说，植物构成的景观空间可以分为以下几类。

① 开敞空间　一定区域范围内人的视线高于四周景物的植物空间，一般用低矮的灌木、地被植物、草本花卉、草坪可以形成开敞空间。在开放式绿地、城市公园等景观用地类型中非常多见，如草坪（图3-26）、开阔水面等，其视线通透、视野辽阔，容易让人心胸开阔、心情舒畅，产生轻松、自由的满足感。

▲ 图3-26　大片草坪的营建给人以开敞的空间感

② 半开敞空间　从一个开敞空间到封闭空间的过渡就是半开敞空间，它也可以借助地形、山石、小品等造景要素与植物配置来共同完成。半开敞空间的封闭面能够抑制人们的视线，从而引导空间的方向，达到"障景"的效果。如图3-27所示乔木灌木组合。

▲ 图3-27　乔木灌木组合形成层次丰富的半开敞空间

③ 封闭空间　是指人处在四周用植物材料封闭、遮挡的区域范围内时，其视距缩短，视距受到制约，近景的感染力加强，容易产生亲切感和宁静感。一般小庭院的植物配置宜采用这种比较封闭的空间造景手法，适合人们独处或安静休憩。封闭空间可分为覆盖空间和垂直空间。攀缘植物利用花架、拱门、木廊等攀缘附在其上生长，也能够构成有效的覆盖空间，如图3-28所示。

▲ 图3-28　由藤本植物与绿篱所构成的覆盖空间

④ 动态空间　指随植物的季相变化和植物生长动态而变化的空间。其中变化最大的就是植物的形态，它影响了一系列的空间变化序列。植物季相的变化，极大地丰富了景观的动态空间构成，落叶树在春夏季是一个覆盖的绿荫空间；秋冬季来临时就变成了一个半开敞空间，满足人们在树下活动的需要。

（3）利用植物创造观赏景点

植物作为营造景观的主要材料，其本身就具有独特的姿态、色彩及风韵。既可以孤植来展示植物的个体之美；又能按照一定的构图方式进行配置以表现植物的群体之美；还可以根据各自生态习性进行合理安排，巧妙搭配，营造出乔、藤、灌、草相结合的群落景观。

色彩缤纷的草本花卉更是创造观赏景观的好材料。既可以露地栽培，组成花境，又能盆栽摆放组成花坛、花带，或采用各种形式的容器栽植，以点缀不同区域的城市环境，创造出赏心悦目的主题景观，以烘托喜庆气氛，装点人们的生活，如图3-29～图3-32所示。

在景观设计中，既可以利用各种香花植物进行集中配置，营造“芳香园”景观；也可以单独种植成专类园，如丁香园、月季园；另外，还可以在人们经常活动的区域（如盛夏夜晚纳凉场所）附近种植茉莉花、晚香玉、薰衣草等植物，微风送香，沁人心脾。

（4）利用植物形成地域景观

不同地域环境可以形成不同的植物景观，并与当地文化融为一体。例如，北京的国槐和侧柏、云南大理的山茶等，都具有浓郁的地方特色。日本把樱花作为国花并大量种植。因此，在园林植物景观设计中，可根据环境、气候条件等选择适合生长的植物种类，可以营造出具有典型地方特色的景观。

▲ 图3-29　乔、灌、草相结合的群落景观

▲ 图3-30　公园花坛

▲ 图3-31　菊花与石狮相伴，烘托气氛、美化环境

▲ 图3-32　街边立体花坛

▲ 图3-33 竹林幽幽，意境深远

▲ 图3-34 绿色藤木把光秃秃的墙体遮挡得若隐若现，起到软化建筑、美化环境的作用

▲ 图3-35 雕塑小品在绿色植物衬托下显得格外醒目

（5）利用植物进行意境创作

在景观创造中，可以借助植物抒发情怀、寓情于景、情景交融（图3-33）。例如，松苍劲古雅；梅花不畏寒冷；竹则“未曾出土先有节，纵凌云处也虚心”。这三种植物都具有坚贞不屈、高风亮节的品格，所以被称作“岁寒三友”。在植物景观营造中，这种意境常常被固化，意境高雅而鲜明。例如，兰花生于幽谷，叶姿飘逸、清香淡雅、绿叶幽茂，却没有娇弱的姿态，更没有媚俗之意，在景观营造中将其摆放室内或植于庭院一角，其意境也非常高雅。

（6）利用植物起到遮挡作用

植物具有优美的自然形态和富有变化的外貌。它们可以装饰砖、石、灰、土等构筑物的呆滞背景，也可以用来遮挡其他不雅景观或不想让游人参观的区域。不但在观赏上显得自然活泼，而且高低错落的植物还可以营造含蓄幽静的景观印象，可以有效扩大景观的空间感，增加绿视感，产生其他材料所不能达到的独特效果，如图3-34所示。

（7）利用植物装点山水、衬托建筑小品等

如图3-35所示，雕塑小品在绿色植物衬托下显得格外醒目。

（8）利用植物软化建筑

大部分植物的枝叶呈现出柔和的曲线，常用柔质的植物材料来软化生硬的几何式建筑形体，如基础栽植、墙角种植、墙壁绿化等形式，如图3-34所示。

3.2.3 植物的种类及特点

以植物特性及园林应用为主，结合生态进行综合分类，主要有以下几类。

① 观赏树木 适于在景观绿地及风景区中栽植应用的木本植物，包括乔木、灌木和藤本。按观赏树木在景观绿化中的用途和应用方式可以分为：庭荫树、行道树、孤赏树、花木（花灌木）、绿篱植物、木本地被植物和防护植物等。按观赏特性可分为观树形、观叶、观花、观果、观芽、观枝、观干及观根等。

② 露地花卉 包括一二年生花卉、宿根花卉、球根花卉、岩生花卉（岩石植物）、水生花卉、草坪植物和地被植物等。

③ 温室花卉和室内植物　一般指温带地区需常年或一段时间在温室栽培的植物。

3.2.4　植物布置要点

景观植物的配置包括两个方面：一是各种植物相互之间的配置，考虑植物种类的选择、组合、平面结构、色彩、季相以及景观意境；二是景观植物与其他景观要素如建筑、小品、山石、水体、地形等之间的配置。在进行植物配置时，必须要依据一定的原则，因地、因时制宜，既要保证植物正常生长，又要充分发挥其观赏特性。

（1）植物造景的功能性原则

在进行植物造景时，要满足功能性要求，应根据城市性质或绿地类型明确植物所要发挥的主要功能，要有明确的目的性，体现不同的景观功能。例如，以工业为主的地区在植物造景时就应先充分考虑树种的防护功能；而居民区中的植物造景则要满足居民的日常休憩需要；但在一些风景旅游地区，树木的绿化、美化功能就应得到最好的体现。

庭院绿化，在规划设计时应选择花、果、叶等观赏价值高的树种；而烈士陵园绿化，宜选择常绿树和柏类树，表示累世“坚强不屈”的高尚品德；在进行幼儿园绿化设计时，要选择低矮和色彩丰富的树木，如红花檵木、金叶女贞，能带来活泼气氛，不能选择有刺、有毒的树木，如夹竹桃、枸骨等。

（2）植物造景的生态性原则

植物造景要遵循生态学的原则，充分考虑物种的生态特征，合理选择配置，既能充分利用环境资源，又能形成优美的景观，建立人类、动物、植物相联系的新秩序，达到生态美、科学美、文化美和艺术美。植物配置的生态性原则主要包括以下几个方面。

① 尊重植物的生态习性及当地自然环境特征；

② 生物多样性原则；

③ 适地适树的原则；

④ 符合植被区域自然规律；

⑤ 遵从“互惠共生”原理协调植物之间的关系。

（3）植物造景的景观性原则

植物造景时需要在尊重生态的基础上，遵循美学原理，景观配置要表现出一定的风格。植物配置要表现植物群落的美感，体现出科学性与艺术性的和谐。应注意植物高矮顺序与游人视线的关系，绿地布置和植物配置要考虑其规模、空间尺度，使绿化更好地装饰、改善环境，利于游人活动与游憩。用植物来构成景观的丰富层次，配置植物要有明显的季节性，木本植物和草本植物应该结合应用，同时植物搭配应突出地方特色，如图3-36～图3-38所示。

（4）植物造景的色彩性原则

植物本身具有不同的色彩，可以形成不同的景观效果。在植物配置时要充分了解色彩的原理，创造出五彩缤纷且具有视觉冲击力的植物景观，如图3-39、图3-40所示。

▲ 图3-36　植物高低错落有致，位置有序，整体环境协调

▲ 图3-37　具有气生根的大榕树所形成的独特景观是南方特有的景观

▲ 图3-38　常绿树和落叶树营造出丰富的四季景观

▲ 图3-39　植物园景墙绿化，以大面积绿色辅以多彩花卉搭配，突显了植物园的特色

▲ 图3-40　丰富多彩的植物景观

（5）环境心理学在植物配置中的应用

在植物造景的设计过程中，都存在诸多环境心理因素的考虑。不仅要考虑它们的空间位置关系，还要考虑与它相关的人的关系，应该通过设计来展示植物最吸引人的特征，从而控制人对植物的感知。因此，要合理运用环境心理学的知识来指导设计人性化的植物景观。

植物作为景观中的一个重要组成元素，与道路、边界、节点、区域、标志等环境意象的形成有着密切的联系。植物本身可以作为主景构成标志、节点或区域的一部分，也可以作为景观环境的配景或辅助部分，帮助形成结构更为清晰、层次更为分明的环境意象。

① 道路——有序的植物景观意象　道路是整个环境意象的框架。景观道路应该特征明确、贯通顺达，具有强烈的引导性和方向感，如图3-41所示。

② 边界——清晰的植物景观意象　景观中的边界不仅是指可分隔绿地与外界环境的分界，而且还包括内部不同区域之间的分界，有时区域边界就是道路。利用植物可形成不同的边界意象，边界有实隔和虚隔之分。实隔往往用成排密实、整形的绿篱对边界进行围合，创造出两个不能跨越的空间，可以有效地引导人流，实现空间的转换；虚隔如草坪与园路的边界，可以用球形灌木有机散植，形成相对模糊的边界，既可以起到空间界定作用，又不过于阻隔人与自然的亲近。如图3-42所示。

③ 标志——象征性的植物景观意象　在景观中，标志物可以是一个雕塑、一组小品或者一座保留着历史记忆的构筑物，也可以是一棵或几棵历史悠久、株型特别的大树。标志物可以作为区域的核心景观。植物作为绿地中标志性的景观往往表现为以下几种形式。

a. 草坪中的孤植树构成视觉焦点，此类植物形体高大、枝繁叶茂，叶、花、果等具有特殊观赏价值，引人入胜。

b. 在建筑物前、桥头等位置的孤植树具有提示性的标志作用，使游人在心理上产生明确的空间归属意识。

▲ 图3-41　路边有序的植物景观

▲ 图3-42　用低矮花卉作为园路的边界，分隔硬质铺装与植物种植区

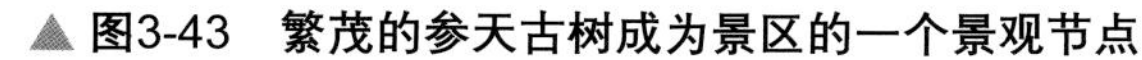

▲ 图3-43　繁茂的参天古树成为景区的一个景观节点

▲ 图3-44　组合式花坛成为广场的视觉中心

c. 一些具有历史纪念意义的古树、名木构成景观中特有的精神特征和文化内涵，成为全园的标志，如图3-43所示。

④ 景观节点——引人入胜的植物景观意象　节点的重要特征就是集散。节点大多是区域的中心或象征，是人群驻留的地方。在景观空间中，主要包括绿地的出入口、道路起点与终点、道路的交叉点、区域的交叉点等。入口植物配置应选择形姿优美、观赏性强的景观树种，给人明朗、兴奋的入口意象，如图3-43和图3-44所示。

⑤ 区域——统一和谐的植物景观意象　在景观中是指具有某些共同特征，并占有较大空间范围的区域。如广场，儿童、老人活动场所，种植区，草坪区，停车场等，设计应遵循统一、和谐的原则。抓住各个年龄层次人的心理和生理特征，以符合他们的心理需求。如图3-45所示。

◀ 图3-45　停车场地的植物种植要考虑无障碍设计，保证场地车辆停放和出入方便顺畅

3.3 水景

3.3.1 水体在景观设计中的地位与作用

水是景观设计中不可缺少的一种元素。它可以增加空气湿度，净化环境，增加环境情趣。在景观设计中，重视水体的造景作用，处理好水体与植物、建筑及其他构筑物之间的关系，可以营造出引人入胜的景观，如图3-46所示。

（1）水的特性

在景观设计中，水是最有灵性、最活跃的因素，水具有可塑、可流动、可发出声音、可以映射周围景物等特点。水可与建筑、植物、雕塑及其他的景观元素有机结合，创造出独具风格的景观作品。

① 水的可塑性　水本身没有固定的形状，在人工水体的设计中，对水的载体进行设计，可以营造出丰富多彩的水体景观，如图3-46所示。

② 水的形态美　水有静水和动水之分。静水主要指湖、池等静态水体或水流缓慢的水体。静水宁静、安详，能形象地反映周围的景物，给人以轻松、温和的感受。动水又可分为流水、落水和喷水三种形式。

③ 水的声音美　水在流动中，与山石、堤岸产生摩擦，发出各种各样的声音。水声增添了天然韵律与节奏，显示空间的乐感美。

④ 水的意境美　以水环绕建筑物可产生“流水周于舍下”的水乡情趣；亭榭浮于水面，恍若神阁仙境；建筑小品、雕塑立于水中，便可增加情趣；水中植物配置用荷花，体现“接天莲叶无穷碧，映日荷花别样红”的意境。

（2）水的几种造景手法

① 基底作用　大面积的水体视野开阔、坦荡，有托浮岸畔和水中景观的基底作用。水面可产生倒影，扩大和丰富空间，如图3-47所示。

▲ 图3-46　水体的造景作用

▲ 图3-47　静静的湖水像一面镜子，照出岸边建筑的倒影

◀图3-48　桂林风光的精华——漓江

② 系带作用　水面具有将不同的景观空间连接起来产生整体感的作用。将水作为一种关联因素又具有使散落的景点统一起来的作用。例如，从桂林到阳朔，漓江将两岸奇丽的景色贯穿起来，这也是线形系带作用的例子，如图3-48所示。

③ 焦点作用　喷泉、瀑布等动态形式的水的形态和声响能引起人们的注意，吸引住人们的视线。通常将水景安排在向心空间的焦点上、轴线的交点上、空间的醒目处或视线容易集中的地方，使其突出并成为焦点。可以作为焦点水景布置的水景，其设计形式有喷泉（图3-49）、瀑布、水帘、水墙、壁泉等。

▲ 图3-49　梵蒂冈广场中央的喷泉起到凝聚视线焦点的作用

3.3.2　水景的种类

水景常见的形式有静水、流水、落水和喷水四种，其中流水、落水和喷水合称为动水。

（1）静水

主要指运动变化比较平缓，几乎无落差变化的水体形式。水池是静水设计中常见的形式之一，多见于居住区、广场、公园等的设计中，如图3-50所示。

▲ 图3-50　庭院中的静水

（2）流水

流水是一种以动态水流为观赏对象的水景。在水景设计中，要对水量、水深、水宽的大小及流水的形状进行控制，同时在流水中设置主景石来设计流水的效果及引导景致的变化。

▲ 图3-51　叠水

（3）落水

落水的形成要有两个必不可少的条件，一是水，二是要有落差的突变，即垂直落差大。常见的有瀑布、水帘、叠水、流水墙等。瀑布是典型的落水形式，如图3-51～图3-54所示。

（a）黄果树瀑布

（b）瀑布

▲ 图3-52　瀑布

▲ 图3-53　水帘

▲ 图3-54　水墙

▲ 图3-55　公园喷泉广场

▲ 图3-56　假山跌水

▲ 图3-57　水的意境美

（4）喷水

喷泉是喷水的主要形式之一，也是城市动态水景的重要组成部分，常与声、光效果配合使用，形式多种多样，如图3-55所示。

3.3.3　水景设计要点

（1）源于自然、高于自然

水景的创造就是将大自然水体的美再现于人工环境中，强调对自然水景特征的概括、提炼和再现，对自然形态的表现不在于规模大小，而在于其特征表现的艺术真实性，突出“虽由人作，宛如天成”的意境。

对自然水态的模仿与提炼，研究大自然的水态而加以模仿、提炼，很适合自然风格的环境。

对水性的把握，在营造水景时，要尽量去理解和发挥其拟人特性。

对水的意境的营造，在进行设计时，应结合景观的主题，提炼出水景所要体现的意境，并通过选取水景的形式、水量，搭配植物、小品等，创造出水的意境，如图3-56、图3-57所示。

（2）参与性的考虑

人具有亲水性，在设计中对人的亲水性要充分考虑，以水为主题的环境中，不仅要设计供人们观赏为主的水景，更要多提供人们直接参与的游泳池、戏水池、喷泉广场等，使人们在水中畅游或在水中嬉戏，直接感受水的清澈和纯净，如图3-58所示。

▲ 图3-58　高低错落的戏水踏步为人们提供了亲水空间

（3）水与其他环境要素的结合

① 水和建筑的结合　在中国传统景观设计中，亭、廊等建筑多环绕水池而建，形成诸如水榭、舫、临水平台、水廊等，这些临水建筑可以产生优美的倒影，显得平远、闲适、静雅，丰富了水景的造型艺术。既为人们提供了休息和观赏水景的场所，也赋予水体特殊的含义，如图3-59～图3-61所示。

② 水与小品结合　在城市景观中，水体往往是和雕塑、石等结合起来，共同塑造一个完整的视觉形象。水从雕塑的各个部位流出来，创造出奇异的效果，成为环境主景。造景中常用假山、石点缀水环

▲ 图3-59　水榭

▲ 图3-60　周庄舫

▲ 图3-61　水与建筑相辅相成，营造出幽静舒美的环境

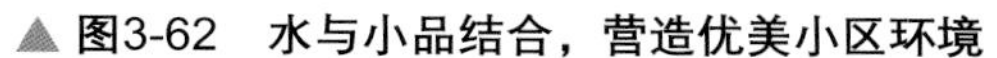

▲ 图3-62　水与小品结合，营造优美小区环境

▲ 图3-63　荷花池

▲ 图3-64　水生植物使得水面灵动起来

境。“石令人古，水令人远”，水与石相结合，刚柔并济，对比鲜明，易于突出主题，如图3-62所示。

③ 水与水生动物、植物的结合　在宽阔的水面上或在带状水面岸边种植睡莲、荷花、芦苇等水生植物，形成诸如荷花池之类的以观赏植物为主题的景观（图3-63）。在岸边栽植姿态优美的植物，倒影在水中，也别有一番风趣，这样的植物有垂柳、梅花、迎春等。另外在水中养殖具有观赏价值的鱼类等水生动物，可以欣赏其在水中追逐嬉戏的美景，如图3-64所示。

3.4 公共设施

3.4.1 休息设施

任何空间环境的设计都是为人服务的。对休息设施的重视，最能体现对人性的关怀。休息设施主要包括凳椅和休息廊，为人们提供休息、聊天、读书、观景的环境。

（1）凳椅

凳、椅是人们利用率最高的休息设施（图3-65），在景观环境设置中，有规则型、不规则型以及利用池边、台阶、台边等兼作凳椅之用的兼用型。从凳椅的材料来看，有金属类、塑料类、混凝土类、砖石类、木材类等。凳椅在景观环境中一般会设置在安静、景色优美和游人需要停留的地方，避免设置在阴暗地、陡峭地、强风穿堂场所和对人出入有妨碍的地方。凳椅的设计应坚固耐用、舒适美观，不易损坏、集尘、积水，应符合人体工程学，在炎热地带应设置在树下、墙体遮阴之处。与人接触的坐面以木质为佳。凳椅布局方式一般有直线形、曲线形、组合形等多种形式，坐高约35～45厘米。

（2）休息廊

廊是亭的延伸，是联系建筑和风景的纽带，它能遮风蔽日，为游人休息、观景提供便利。廊的结构形式主要有双面空廊、单面空廊、复廊等。廊的构成形式有直廊、曲廊、波形廊、回廊、直曲结合的复合型廊等。廊的位置选择一般有在平地建廊、水边建廊和山地建廊，如图3-66所示。廊的设计应注意以下几点。

（a）背靠绿植的直线形座椅

（b）环树而设的组合坐具

（c）中国传统风格围合式坐墩

（d）现代曲线形长凳

（e）依树而设的圆环、半环式坐具

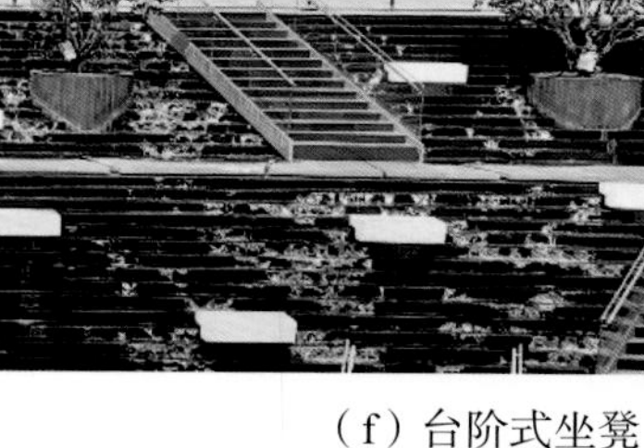

（f）台阶式坐凳

▲ 图3-65　凳椅

（a）单面空廊

（b）双面爬山空廊

（c）双面曲廊

（d）水边长廊

（e）平地双面波形廊

（f）平地双面直廊

（g）坡地双面回廊

（h）地形变化、直曲结合的复合型休息廊

▲ 图3-66　休息廊

① 要因地制宜，结合自然环境，采用漏景、障景等手法来分割空间。

② 廊出入口设计，一般选在人流的集散地。

③ 注重廊的装饰，如座椅、花格、美人靠、额坊等。

▲ 图3-67　服务设施

▲ 图3-68　公共饮水器

▲ 图3-69　社区公共卫生间

3.4.2　服务设施

小卖部、书报亭、自动售货机等是为了方便和满足居民一般的生活用品和文化需求而设置。一般都采用比较简易或比较时尚的小型构筑物，组成一个小型空间，构成具有空间使用功能的小品景观，构建形式和色彩应根据区域具体的环境状况来确定，如图3-67所示。

3.4.3　卫生设施

（1）公共饮水器

公共饮水器是公共活动场所内为人们提供安全饮水的设施，要确保饮水器能够真正地向人们提供卫生安全的饮用水（图3-68）。它主要设置在城市广场、休息场所、道路出入口等人流较大的区域。

（2）公共卫生间

公共卫生间的设置是体现城市文明，突显人文关怀的必要公共设施（图3-69）。一般公共卫生间被设置在城市广场、街道、车站、公园、住宅区等场所，公共卫生间的数量设置要根据实际情况而定。公共卫生间的设计要求体现卫生、方便、经济、实用的原则，根据它的形式特点可分为固定式和移动式。

（3）垃圾箱

垃圾箱是与居民生活息息相关的必不可少的卫生设施。它直接影响到环境的质量和居民的健康，也是反映一个区域综合素质的标志之一。垃圾箱的设计应根据垃圾倒放的多少、倒放的种类等决定它的容量与造型，同时也要考虑垃圾箱的放置地点，以便使垃圾箱更好地与周围环境相协调。垃圾箱尽管其主要功能是盛装垃圾，

▲ 图3-70 垃圾箱

▲ 图3-71 分类垃圾箱

但良好的外观形态，也可以起到较好的装饰作用。制作垃圾箱的材料很多，应选坚固耐用耐腐蚀的，如金属、塑料、玻璃钢、预制混凝土等。如图3-70、图3-71所示。

3.4.4 交通设施

（1）候车亭、候车廊

候车亭或候车廊的主要功能就是为候车的人们提供一个可以遮风避雨的、方便临时休息的公共场所，同时材质上要考虑防雨耐腐蚀，所以通常采用不锈钢、铝材、玻璃等耐用、易清洁的材料，造型上还应保持较为开放的空间构成。

根据实际场地的空间条件，在空间尺度基本满足的情况下都应设置候车亭或廊，并结合站台、站牌、遮篷、隔板、照明、垃圾桶、休息椅、电话、时钟、广告、信息告示等配套设施，体现多功能的特点，如图3-72所示。

（2）阻拦设施

阻拦设施在整个交通室外环境空间中，是具有强制区分人和车辆作用的设施，具有保护作用。可以有效地限定和划分空间。

（a）公交站点

（b）候车廊

▲ 图3-72 候车亭

（a）绿植防护栏

（b）阻拦机动车入内

（c）墙栏

▲ 图3-73　阻拦设施

◀ 图3-74　交通设施——立体停车架

阻拦设施设计包括阻车装置、护栏、扶手等。阻拦设施设计根据所采用的结构手法和造型的不同分为墙栏、护柱/栏、凹陷沟渠、地面铺装等，如图3-73所示。

（3）自行车停放设施设计

在很多公共空间中或建筑周围都会设置固定的自行车停放点，多为具备遮篷的结构，也有的是简易的露天地面停放架或停放器，如图3-74所示。

自行车停放设施设计有三种形式，固定式停车柱、活动式停车架、依附于其他设施。

自行车停放要考虑占地面积，设计时除了平放外，还采用阶层式停放、半立式存放等形式。近年来，随着城市快速发展，共享单车成为城市居民出行常用的代步工具，如图3-75所示。

▲ 图3-75　交通设施——城市共享单车

（4）交通入口设计

交通入口是城市道路与其他交通连接的入口，比如地铁入口、地下街入口、过街地下通道入口（图3-76）、隧道入口等。为了减少入口设施对城市空间的封堵，在城市节点和广场中的地下入口宜露天设置，其围栏高度以低些为好，外围配植树木等边饰。为避免地下入口排水的困难，需设置顶盖，也宜选择透明玻璃和钢结构形式。

▲ 图3-76　交通设施——过街通道出入口

3.4.5　信息类设施

信息类设施主要有道路标识牌、广告牌、信息栏、时钟等，是公共环境设计中不可或缺的一部分，通常位于街道、路口、广场、建筑内外及公共场所的出入口等处。

（1）标识牌

标识牌是信息服务的重要组成部分，也是体现区域文化氛围的窗口。小区中设置标牌是为了引导人们正确识别路线，尽快到达目的地，为人们带来舒适和便利。标识牌的指示内容应尽可能采用图示表示，说明文字应按国际通用语言和地方语言双语表达。标识牌的设计追求造型简洁、易读、易记、易识别的特点，其首要任务是迅速准确地传递信息，以此来解决交通问题，起到导示作用，如图3-77所示。

▲ 图3-77　综合标识牌

（2）广告牌

广告牌设施一般被设置在城市中心或热闹的街道等场所，与街道、建筑共同组成现代都市景观，如图3-78所示。广告牌的设计要点如下。

① 要求造型、横竖取向、长度、面幅、构造方式与所在的建筑立面的造型、性质及结构特点保持一致；

② 广告牌集中设置，将多种广告内容按照统一规格和照度进行统一式集中处理和管理，以增强空间的秩序感和视觉美感，避免视觉污染；

③ 要注重夜间整个广告的整体视觉效果；

④ 广告牌的设计和设置要符合道路和规划方面的管制规定，注重安全性，避免事故发生；

⑤ 在一些风景观光、古迹保护地区、社会行政等特定区域，要注意其与环境特征、性质的协调。

▲ 图3-78　广告宣传牌

▲ 图3-79 儿童娱乐设施

▲ 图3-80 健身设施

3.4.6 娱乐、健身设施

游乐设施是室外环境中的重要设施，主要为儿童所设，儿童游乐设施要有专门的场地分区并方便大人看护，往往在其周围设置休息设施。由于儿童游乐设施色彩突出、造型活泼，易于形成区域，在设计时一般放在区域的一角。老人和儿童的设施要分开设置，老人设施除要设置一定的成人健身设备外，还要参照残疾人设施形式，设计时考虑行动不便的老年人的需要，进行无障碍设计。如图3-79、图3-80所示。

3.4.7 照明设施

夜晚景观照明作用越来越被人们重视，利用色光构成手法和灯光等科技表现手段，对环境中的建筑、植物、雕塑、壁面、水景、石景做重点处理，在夜色中塑造出新艺术形象，营造出感染力极强的艺术氛围。

（1）常用灯具类型

按灯具在环境中的位置及高度，习惯上可分为广场灯、道路灯、大型景观灯、庭院灯、草坪灯、投光灯等，如图3-81、图3-82所示。形式较大、位置较高的道路灯、庭院灯属于杆头式照明器，常常布置在园路或庭园边，适用于地面、道路、草坪及树木的大范围照明。形式较小、位置较低的草坪灯、嵌埋灯属于低照明器类，此类照明器应尽可能直接露出光源，否则会降低其亮度。投光照明器用于白炽灯、高强度放电灯，从某个方向照射树林、雕塑、建筑物等，其安放位置应尽量隐蔽，按需要可高可低或卧入地下，灯具本身一般安有挡板百叶等以免光源直射入眼。水下照明投光器亦称潜水灯，加入滤光片可得到红、绿、蓝效果，一般放入水池中为水体增加夜间造型效果。

▲ 图3-81 广场灯

（a）庭院灯营造局部气氛

（b）低位灯装饰、照明地面

（c）典雅的照明

（d）景观灯装饰点亮建筑

▲ 图3-82　装饰照明

（2）室外小环境照明设计

室外小环境照明按功能分为视线照明和装饰照明两部分。除了保证人们各类夜间活动，防止事故及犯罪的发生，还需结合环境特征，渲染环境气氛。

① 视线照明　是以园路为中心进行活动或工作所需要的照明，一般来自上方投射为佳。在住宅区视线照明中，灯具光源照明度不宜过强，能满足人行要求即可，以避免对室内照明的影响，而在游乐空间中照度应适当加大，丰富场景层次，努力渲染空间气氛，见图3-81。

② 装饰照明　是创造夜间景色及显示夜间气氛的照明方式，不同环境有各自的布灯方法。灯具造型应与周围环境相协调，并且耐用，位置一般安置于门廊、门柱、水边、雕塑、花坛、阶梯、草地、丛林、园路或建筑四周，为饰景之用，见图3-82。

3.4.8　景观小品

景观小品指景观设计中供休息、装饰、照明、展示和为管理及方便游人之用的小型景观设施。一般没有内部空间，体量小巧，造型别致，富有特色，并讲究适得其所。景观小品在景观中既能美化环境，丰富园趣，为游人提供文化休息和公共活动的方便，又能使游人从中获得美的感受和良好的教益，如图3-83所示。

▲ 图3-83　装饰性景墙

（1）景观小品按其功能分类

① 供休息的小品　包括各种造型的靠背园椅、凳、桌和遮阳的伞、罩等。常结合环境，用自然块石或混凝土做成仿石、仿树墩的凳、桌；或利用花坛、花台边缘的矮墙和地下通气孔道来作椅、凳等；围绕大树基部设椅凳，既可休息，又能纳荫。

② 装饰性小品　各种固定的和可移动的花钵、饰瓶，可以经常更换花卉。装饰性的日晷、香炉、水缸，各种景墙（如九龙壁）、景窗等，在园林中起点缀作用。如图3-84所示的景观小品。

③ 结合照明的小品　园灯的基座、灯柱、灯头、灯具都有很强的装饰作用。

④ 展示性小品　各种布告板、导游图板、指路标牌以及动物园、植物园和文物古建筑的说明牌、阅报栏、图片画廊等，都对游人有宣传、教育的作用。

⑤ 服务性小品　如为游人服务的饮水泉、洗手池、公用电话亭、时钟塔等；为保护园林设施的栏杆、格子垣、花坛绿地的边缘装饰等；为保持环境卫生的废物箱等。

（2）景观小品设计要点

景观小品具有精美、灵巧和多样化的特点，设计创作时可以做到“景到随机，不拘一格”，在有限空间得其天趣。景观小品的创作要求如下。

① 立其意趣　根据自然景观和人文风情，做出景点中小品的设计构思；

② 合其体宜　选择合理的位置和布局，做到巧而得体，精而合宜；

③ 取其特色　充分反映景观小品的特色，把它巧妙地熔铸在园林造型之中；

④ 顺其自然　不破坏原有风貌，做到涉门成趣，得景随形；

⑤ 巧于因借　通过对自然景物形象的取舍，使造型简练的小品获得景象丰满充实的效应；

（a）广场小品

（b）建筑小品

（c）环境小品

▲ 图3-84　景观小品

⑥ 饰其空间　充分利用景观小品的灵活性、多样性以丰富园林空间；

⑦ 巧其点缀　把需要突出表现的景物强化起来，把影响景物的角落巧妙地转化成为游赏的对象；

⑧ 寻其对比　把两种明显差异的素材巧妙地结合起来，相互烘托，显出双方的特点。

3.5 公共艺术体

公共艺术品主要是指雕塑和综合艺术体。在景观设计中常常作为景观节点，起着凝聚视线、突出主题和装饰环境等作用。

3.5.1　雕塑设计

雕塑，是指利用一定手段和方法对天然或人工材料进行改造，形成立体形态的一门艺术。雕塑是一种文化，它能表达一定的理念，产生美感。雕塑作为一种造型语言和形式，是景观设计中不可或缺的重要元素，可以美化环境、装饰建筑，对于一个地区的美化起到画龙点睛的作用。大量雕塑作品具有永久性和纪念性，往往是一个国家、一个民族、一个时代文明的象征。例如美国纽约的自由女神像、丹麦海上的美人鱼、中国四川省的乐山大佛等都是不朽的传世之作。

（1）雕塑的分类

① 按作用分类　可分为纪念性雕塑、主题性雕塑、装饰性雕塑、陈列性雕塑、娱乐性雕塑等。

a. 纪念性雕塑。以雕塑的形式来纪念人与事，其要点是它在环境中处于中心或主导地位，所有景观和环境要素都要服从雕塑的总立意，如图3-85、图3-86所示。

▲ 图3-85　纪念性雕塑——西汉开国功臣、中国历史上杰出的军事家韩信，坐落于广武汉墓群广场

▲ 图3-86　纪念性雕塑——高君宇、石评梅烈士塑像

b. 主题性雕塑。是指具有鲜明的思想内涵的雕塑，在特定环境中以形象的语言、象征的语义手法来揭示主题，充分发挥雕塑和环境的特殊作用，弥补一般环境缺乏的表意功能，如图3-87所示。

c. 装饰性雕塑。装饰环境，丰富环境特色，它虽然不强求鲜明的思想性，但强调环境视觉美感的作用，如图3-88、图3-89所示。

d. 陈列性雕塑。是指以优秀的雕塑作品陈列作为环境的主体内容，如图3-90所示。

e. 娱乐性雕塑。作品以幽默、诙谐、娱乐的形式，用动、光、声、色等特殊艺术效果，产生独特的魅力，如图3-91所示。

▲ 图3-87　主题性雕塑——新疆火焰山芭蕉扇

▲ 图3-88　街区中的装饰雕塑

▲ 图3-89　路边景观柱装点城市、美化环境

▲ 图3-90　柬埔寨吴哥景区路边陈列性雕塑

▲ 图3-91　铸铜人物场景雕塑，营造出一种休闲和亲切的环境氛围，给游人带来轻松愉快的感觉

② 按表达手法分类　可分为浮雕、圆雕、透雕。

a. 浮雕。有一定厚度，具有方向性，适合于特定角度的观看，一般附在一定的实体表面。常布置在室内外的墙面、室外檐部、建筑基座等处。按起伏程度的大小，又可分为高浮雕和浅浮雕，通常借助光源（如顶光或侧光等）表现其深度和立体感。浮雕的外轮廓简洁凝练，注重细节部分的刻画，一般适合近距离观赏，如图3-92所示。

▲ 图3-92　浮雕（意大利）

▲ 图3-93　写意圆雕（具象雕塑）

b. 圆雕。也称为立体雕，指具有三维空间形态的雕塑。可以使观赏者从各个角度看到物体的形态，是一种完全立体化的雕塑，具有强烈的空间感。适合放在需要独立占据空间的位置，如广场中央、入口两侧等醒目的位置。对圆雕的设计，要求不论从哪个角度看，都可以观赏到完美的形体，圆雕能产生变化丰富的光影效果和起伏变化的体面效果，如图3-93～图3-96所示。

▲ 图3-94　眼镜造型的雕塑（意象雕塑）

c. 透雕。又称镂雕，指保留凸出的物像部分，将衬底部分进行局部或全部镂空的雕塑艺术形式。透雕具有通透性，形象上更加清晰明朗，光影变化丰富，常用于隔断、屏风、漏窗等，还可起到分割空间的作用，如图3-97所示。

▲ 图3-95　圆雕与浮雕相结合

▲ 图3-96　城市抽象雕塑

▲ 图3-97　街区透雕装点美化环境

③ 按使用材料分类　可分为石雕、砖雕、木雕、金属雕、混凝土雕塑、陶瓷雕塑、玻璃钢雕塑、型材雕塑（如管材、板材、槽钢、角钢等）等，如图3-98～图3-104所示。

▲ 图3-98　石雕（具象雕塑）

▲ 图3-99　砖雕（常家庄园）

▲ 图3-100　木雕（常家庄园）

▲ 图3-101　城市不锈钢雕塑

▲ 图3-102　铸铜雕塑

▲ 图3-103　汉白玉雕塑

▲ 图3-104　石材与金属结合的雕塑

④ 按动态特征分类　可分为静态雕塑（图3-105）、动态雕塑（图3-106）。

⑤ 按其造型分类　可分为抽象雕塑（图3-105）、具象雕塑（图3-107）、意象雕塑（图3-108）。

（2）雕塑景观设计的原则

① 雕塑景观设计的主题与风格决定于景观设计整体的功能　在进行设计前，一定要充分了解大的景观环境的功能与气氛，弄清楚建造大环境的目的，是居住区、休闲娱乐场所还是纪念性广场等。要对周围的环境有充分的调查与分析之后，才能确定雕塑的具体设计方案。

② 雕塑景观设计应体现民族文化与地域文化　雕塑作为一种艺术形式，有着丰富的文化内涵，在一些城市的标志性广场，雕塑更应该体现民族文化与地域文化。

③ 雕塑景观设计的传承性与时代性　雕塑是人类历史上最古老的设计形式之一，可以说，雕塑设计是伴随着人类的成长而不断发展的，因此，雕塑设计具有鲜明的两重性，即传承性和时代性。传承性是

▲ 图3-105　静态雕塑

▲ 图3-106　动态雕塑

▲ 图3-107　具象雕塑

▲ 图3-108　意象雕塑

指雕塑设计经过几千年的发展过程，在表现形式、思想内容和风格手法等方面的演变脉络。雕塑景观设计应体现时代精神。

（3）雕塑的设计方法与程序

① 雕塑设计构思的方法

a. 确定雕塑的性质。根据建筑、环境的性质确定雕塑性质、内容和基调。

b. 确定雕塑的位置和朝向。根据建筑环境的布局构图确定雕塑的位置和朝向。雕塑应放在画龙点睛的地方，对建筑构图发挥加强、均衡和丰富的作用。雕塑主视面应面向主要人流，适合观赏到的角度，以达到最佳效果。

c. 确定雕塑的尺度和体量。根据环境空间规模，确定雕塑尺度和体量。开敞宽阔的空间中雕塑尺度应较大，封闭狭隘的空间中，雕塑尺度相应较小。

d. 确定雕塑的材料、色泽和质感。为保证雕塑在环境中的突出、醒目，应使之与背景构成对比。

e. 确定雕塑的造型语言。一般情况下，雕塑造型语言与建筑的风格应协调一致。但有时也采用不同时代风格并置一起，以强烈的对比形成特殊的艺术效果。

f. 确定雕塑的照明设计。雕塑照明一般适宜用前侧光，因为这种光立体感强，可强化雕塑的空间立体感效果，要避免使用顶光、脚光以及顺光照明。正侧光在黑夜容易形成“阴阳脸”的不良视觉效果，也应避免。

g. 确定雕塑的基座。基座是雕塑与环境连接的重要环节，因此非常重要。常用的基座类型有碑式、座式、台式、平式。有时，雕塑也直接与地面接触，以烘托与强化雕塑的景观效应。

② 景观雕塑设计程序

a. 作平面测量并绘制平面图或鸟瞰图，以便很好地了解雕塑周围环境整体情况，如建筑的高度、树木情况等，充分理解环境才能产生好的设计。在这个过程中，确定雕塑的基本形式和风格，确定尺度、空间范围和雕塑的雏形。

b. 画透视效果图，不断修改完善方案。

c. 绘制施工图。

d. 制作雕塑模型。

3.5.2 综合艺术体

（1）综合艺术体构成要素

包括纪念碑、纪念柱、纪念塔、大型浮雕和展现主题的构架、基础、维护面、设施小品以及抽象成符号形式的雕塑等，其涵盖面极广，是环境中景观艺术品的综合。综合性艺术品具有展现主题、创造氛围、限定空间的特殊作用，如图3-109、图3-110所示。

▲ 图3-109　综合艺术体美化城市环境，展现城市活力

▲ 图3-110 设置于城市街道上的大型综合艺术体

（2）综合艺术体的设计

① 位置选择

a. 面状景观，如室外广场、绿地、水面环境等的中央或一侧。

b. 线状景观，如道路，可设置在一侧、端头、交叉口等位置。

② 设计方法

a. 搜集资料，了解艺术品所处环境所要表达的主题、历史背景、文化特色。

b. 对所要设计的作品进行设计定位，明确其在整体景观中是处于主体还是从属地位，以确定相应设计手法。

c. 构思，确定作品的形式、结构、材料。

d. 以独特的造型、材质、色彩、设计语言表达特殊的纪念意义。

单元小结

景观构成要素主要有地形、植物、水体、公共设施、公共艺术品等。

地形，包括平地、坡地和山地，地形设计是景观总体设计的主要内容，它能丰富景观空间层次，是其他设计元素布局的基础。

植物作为景观中的一个极为重要的组成元素，对于改善环境小气候、净化空气、降低噪声污染、限定空间、美化环境等发挥着重要作用。

水体是景观设计的一大要素，除了具有净化空气、增加环境湿度、改善地区小气候等功能外，还有装饰、美化环境，形成视觉焦点的美学功能。

公共设施是任何景观设计不可缺少的元素，设施的好坏直接影响到环境的舒适度和整体档次。

公共艺术体是城市景观设计不可或缺的元素，它能体现环境的文化气氛和特色，提升环境的品位，是满足人的精神需求的主要手段之一。

思考练习

1. 地形、植物、水体、公共设施、公共艺术体等构成要素在景观设计中各有什么作用?
2. 景观各构成要素的设计要点有哪些?

课题设计实训

1. 在市区内一繁华地段，选择一种景观构成要素，对其进行分析。

作业要求：

（1）分析说明一份，设计图一张。

（2）以该景观构成要素的自身特点为依托，探讨分析设计的优劣，并提出自己的设计理念。

2. 在您自己的校园中，选择合适位置，分别设计一个雕塑和一个实用的设施，如休息椅、垃圾桶、小卖部、书报亭、指路牌……

设计要求：

（1）画出设计效果图。

（2）绘制出施工图（尺寸、材料标识清楚）。

用文字说明设计理念，对设计构思做必要的辅助性说明。

4

景观设计的程序

知识目标

了解景观设计的程序，掌握景观设计的全过程

能力目标

正确运用景观设计程序进行景观设计

4.1 设计准备阶段

4.1.1 接受任务，明确要求

充分了解设计委托方的具体要求，有哪些愿望，以及对设计所要求的造价和时间期限等内容。

4.1.2 环境调研

① 甲方对设计任务的要求，掌握自然条件、环境状况及历史沿革。

② 城市绿地总体规划与任务的关系，以及对设计上的要求。

③ 周围的环境关系、环境的特点、未来发展情况，如周围有无名胜古迹、人文资源等。

④ 周围城市景观。建筑形式、体量、色彩等与周围市政的交通关系。人流集散方向，周围居民的类型。

⑤ 该地段的能源情况。电源、水源以及排污、排水，周围是否有污染源，如有毒害的工矿企业、传染病医院等情况。

⑥ 规划用地的水文、地质、地形、气象等方面的资料。了解地下水位、年降水量与月降水量。年最高最低气温的分布时间，年最高最低湿度及其分布时间，季风风向、最大风力、风速以及冰冻线深度等。重要或大型园林建筑规划位置尤其需要地质勘察资料。

⑦ 植物状况。了解和掌握地区内原有的植物种类、生态、群落组成，还有树木的年龄、观赏特点等。

⑧ 建设景观所需主要材料的来源与施工情况，如苗木、山石、建材等情况。

⑨ 甲方要求的设计标准及投资额度。

4.1.3 实地考察、勘测

实地考察，一方面核对、补充所收集的图纸资料；另一方面，设计者到现场，可以根据周围环境条件，进入艺术构思阶段。现场踏查的同时，拍摄一定的环境现状照片，以供进行总体设计时参考。

4.1.4 制订计划，确定设计内容、进度、费用预算

编制总体设计任务文件。将所收集到的资料，经过分析、研究定出总体设计原则和目标，编制出进行景观设计的要求和说明。主要包括以下内容。

① 景观在城市绿地系统中的关系。

② 景观所处地段的特征及四周环境。

③ 景观的面积和人流量。

④ 景观总体设计的艺术特色和风格要求。

⑤ 景观的地形设计，包括山体水系等要求。

⑥ 景观的分期建设实施的程序。

⑦ 景观建设的投资概算。

4.2 方案构思阶段

4.2.1 主要设计图纸内容

① 位置图　属于示意性图纸，表示该公园在城市区域内的位置，要求简洁明了。

② 现状图　根据已经掌握的全部资料，经分析、整理、归纳后，分成若干空间，对现状作综合评述。可以用圆形圈或抽象图形将其概括地表示出来。例如：经过对四周道路的分析，根据城市道路的情况，确定出入口的大体位置和范围。

③ 分区图　根据总体设计的原则划出不同的空间，使不同空间和区域满足不同的功能要求，并使功能与形式尽可能统一。另外，分区图可以反映不同空间、分区之间的关系。该图是说明性质，可以用抽象图形或圆圈等图案予以表示。

④ 总体设计方案图　根据总体设计原则、目标，总体设计方案图应包括以下几方面内容：第一，景观与周围环境的关系；第二，景观的地形总体规划，道路系统规划；第三，建筑物、构筑物等布局情况，建筑物平面要反映总体设计意图；第四，植物设计图，图上反映树丛、草坪、花坛等植物景观。此外，总体设计应准确标明指北针、比例尺、图例等内容。总体设计图，面积为100km^{2}以上，比例尺多采用1：2000～1：5000；面积为10～50km^{2}左右，比例尺用1：1000；面积为8km^{2}以下，比例尺可用1：500。

⑤ 地形设计图　地形是景观的骨架，要求能反映出地形结构。要确定主要园林建筑所在地的地坪标高、桥面标高、广场高程，以及道路变坡点标高。还必须注明与市政设施、马路、人行道以及邻近单位的地坪标高，以便确定与四周环境之间的排水关系。

⑥ 道路总体设计图　首先，在图上确定主要出入口、次要出入口与专用出入口，还有主要广场的位置及主要环路的位置，以及作为消防的通道。同时确定主干道、次干道等的位置以及各种路面的宽度、排水纵坡。并初步确定主要道路的路面材料、铺装形式等。图纸上用虚线画出等高线，再用不同的粗线、细线表示不同级别的道路及广场，并将主要道路的控制标高注明。

⑦ 种植设计图　根据总体设计图的布局、设计的原则，以及苗木的情况，确定总构思。种植总体设计内容主要是不同种植类型的安排，如密林、草坪、疏林、树群、树丛、孤立树、花坛、花境、园界树、园路树、湖岸树、园林种植小品等内容。

⑧ 管线总体设计图　根据总体规划要求，解决上水水源引水方式、水的总用量（消防、生活、造景、喷灌、浇灌、卫生等）及管网的大致分布、管径大小、水压高低等，以及雨水、污水的水量、排放方式、管网大体分布、管径大小及水的去处等。大规模的工程，建筑量大，北方冬天需要供暖，则要考虑供暖方式、负荷多少、锅炉房的位置等。

⑨ 电气规划图　为解决总用电量、用电利用系数、分区供电设施、配电方式、电缆的敷设以及各区各点的照明方式及广播、通信等的位置。

⑩ 建筑布局图　要求在平面图上，反映出建筑的总体布局。

4.2.2　总体设计说明书

总体方案除了图纸外，还要求文字说明，全面地介绍设计者的构思、设计要点等内容，具体包括以下几个方面。

① 位置、现状、面积。

② 工程性质、设计原则。

③ 功能分区。

④ 设计主要内容（山体地形、空间围合，湖池、堤岛水系网络，出入口、道路系统、建筑布局、种植规划、园林小品等）。

⑤ 管线、电信规划说明。

⑥ 管理机构。

4.2.3　工程总概算

在规划方案阶段，可按面积，根据设计内容、工程复杂程度，结合常规经验匡算，或按工程项目、工程量，分项估算再汇总。

4.3　施工设计阶段

施工设计阶段是根据已批准的初步设计文件和要求更深入和具体化设计，并做出施工组织计划和施工程序。其内容包括施工设计图、编制预算、施工设计说明书。

4.3.1　施工设计图

在施工设计阶段要做出施工总平面图、竖向设计图、道路广场设计图、种植设计图、水系设计图、各种管线设计图、电气设计图，以及假山、雕塑、栏杆、标牌等小品设计详图。另外做出苗木统计表、工程量统计表、工程预算等。

① 施工总平面图　表明各种设计因素的平面关系和它们的准确位置；平面放线图，标明放线坐标网、基点、基线的位置，其作用之一是作为施工的依据，其二是绘制平面施工图的依据。

② 竖向设计图（高程图）　用以表明各设计因素间的高差关系。

③ 道路广场设计图　主要标明各种道路、广场的具体位置、宽度、高程、纵横坡度、排水方向及道路平曲线、纵曲线设计要素和路面结构、做法、路牙的安排，以及道路广场的交接、交叉口组织、不同等级道路连接、铺装大样、回车道、停车场等。

④ 种植设计图　主要表现树木花草的种植位置、种类、种植方式、种植距离等。对于重点树群、树丛、林缘、绿篱、花坛、花卉等，可附种植大样图，1：100的比例。并画出立面图，以便施工参考。

⑤ 水系设计图　标明水体的平面位置、水体形状、深浅及工程做法。依据竖向设计图和施工总平面图，画出水体及其附属物的平面位置，并分段注明岸边及池底的设计标高。

⑥ 管线设计图　在管线设计的基础上，表现出上水（生活、消防、绿化、市政用水）、下水（雨水、污水）、暖气、煤气、电力、电信等各种管网的位置、规格、埋深等。

⑦ 假山、雕塑等小品设计详图　小品设计详图必须先做出山、石等施工模型，以便施工时掌握设计意图。参照施工总平面图及竖向设计图画出山石平面图、立面图、剖面图，注明高度及要求。

⑧ 电气设计图　在电气初步设计的基础上标明用电设备、灯具等的位置及电缆走向等。

4.3.2　编制预算

在施工设计中要编制预算。它是实行工程总承包的依据，是控制造价、签订合同、拨付工程款项、购买材料的依据，同时也是检查工程进度、分析工程成本的依据。预算包括直接费用和间接费用。直接费用包括人工、材料、机械、运输等费用，计算方法与概算相同。间接费用按直接费用的百分比计算，其中包括设计费用和管理费。

4.3.3　施工设计说明书

说明书的内容是初步设计说明书的进一步深化。说明书应写明设计的依据、设计对象的地理位置及自然条件、绿地设计的基本情况、各种工程的论证叙述、建成后的效果分析等。

4.4　完成验收阶段

景观设计成果一般由五部分组成，供方案评审使用。主要包括以下内容。

① 景观设计文本　包括所有设计文件，通过排版，能充分表达景观设计的意图和目标。一般包括设计说明、设计图纸、模型照片三大部分。供方案评审和提交最终设计成果。

② 展板（或挂图）　包括主要设计文件，通过排版，能充分表达规划设计的意图和目标。一般以设计图纸为主，配以主要说明文字对图纸进行解释和补充。供方案评审使用。

③ 规划图纸（蓝图）　包括一部分设计图纸，能基本表达规划设计的意图和目标。图纸按一定比例绘制。供方案评审使用。

④ 音像资料　包括所有设计文件，能充分表达规划设计的意图和目标。一般以演示设计图纸内容为主，配以字幕和画外音对图纸进行解释和补充。供方案评审使用。（时间10～30min）。

⑤ 模型　分为整体模型和局部模型两种，根据具体情况而定。供方案评审使用。

思考练习

1. 如何看待严格遵守设计流程的重要性？
2. 设计流程与设计成果的关系如何？

课题设计实训

用图表的方式归纳景观设计流程。

5 景观设计的表现

知识目标

了解景观设计平面图的种类和各自作用，掌握其绘制方法

掌握景观设计施工详图的绘制原理和绘制方法

掌握景观设计透视效果图的表现技法

能力目标

能够运用景观设计平面图的绘制方法准确表达设计方案

能够运用景观设计施工详图的绘制方法准确表达设计方案

能够运用景观透视图表现技法生动真实地表达设计想法

景观制图是设计人员综合运用景观要素，经过缜密的艺术构思和布局所绘制的图样，是园林景观设计的基本语言，是任何一个景观设计者必须掌握的基本技能。景观制图首先需根据国家规定的有关标准画出初步设计图，然后在完成技术设计的基础上，再绘制出施工图（用于指导施工的图纸称为施工图）。设计图与施工图的图示原理和绘图方法是一致的，但画面所表达的内容及深入程度、详细程度、准确程度不同。通常设计图和施工图统称为工程制图。

为了能够更加清楚地表达设计意图，通常还需绘制园林景观设计立面图、剖面图以及整体或景区局部的透视图等。

立面图着重反映景观垂直空间的形态和层次变化，是对平面图的进一步补充和表达；剖面图用于土方工程、园林建筑工程、水景、小品等的设计，主要用来表示景观空间布置、分层情况、断面轮廓、位置关系以及造型尺寸等，是具体施工的重要依据；透视图是以三维空间形式反映景观局部或整体的图样，它给人以身临其境的真实感受。

景观设计图的表现主要有电脑软件表现和手绘表现两种方式。

5.1 景观设计平面图的绘制

景观设计平面图根据其内容和作用的不同，包括有景观环境总体规划平面图、总平面放线图、竖向设计平面图、种植设计平面图、园林建筑工程平面图、造园要素的平面图等。以下是各类平面图的绘制表现方法。

5.1.1 景观环境总体规划平面图

景观环境总平面图是景观环境设计总体规划平面图的简称。总平面图是根据城市规划和景观工程任务书的要求，在原有的自然环境基础上绘制出所规划设计的区域的总体设计意图。它反映了设计场地范围内的全部内容，是从空中向下所能看到的设计范围内所有地势、建筑、构筑物、景观小品、水域、植被等全部内容的平面投影图。并以拟建的方式精确地反映各要素之间的平面关系和尺寸。景观环境总平面图既是总体布局的图样，也是施工的依据，所以具有艺术性、表现性和很强的施工指导性。

对于范围面积较大较复杂的工程，则一般绘制出总体景观规划内容，细节的工程还需另外画在子项的工程图中；而对于不大的景观规划，则可以将各项内容都画于一张总平面图中。如图5-1所示，是相对较为简单的总平面图，所有的景观设施都画在同一张图纸上。

5.1.2 总平面放线图

总平面放线图是将设计图样放样到实际地块，对地形、建筑、道路等设计要素进行详细的定位，它是施工准备阶段的依据。因放线图属于施工图阶段，为了精确，一般用AutoCAD绘制。

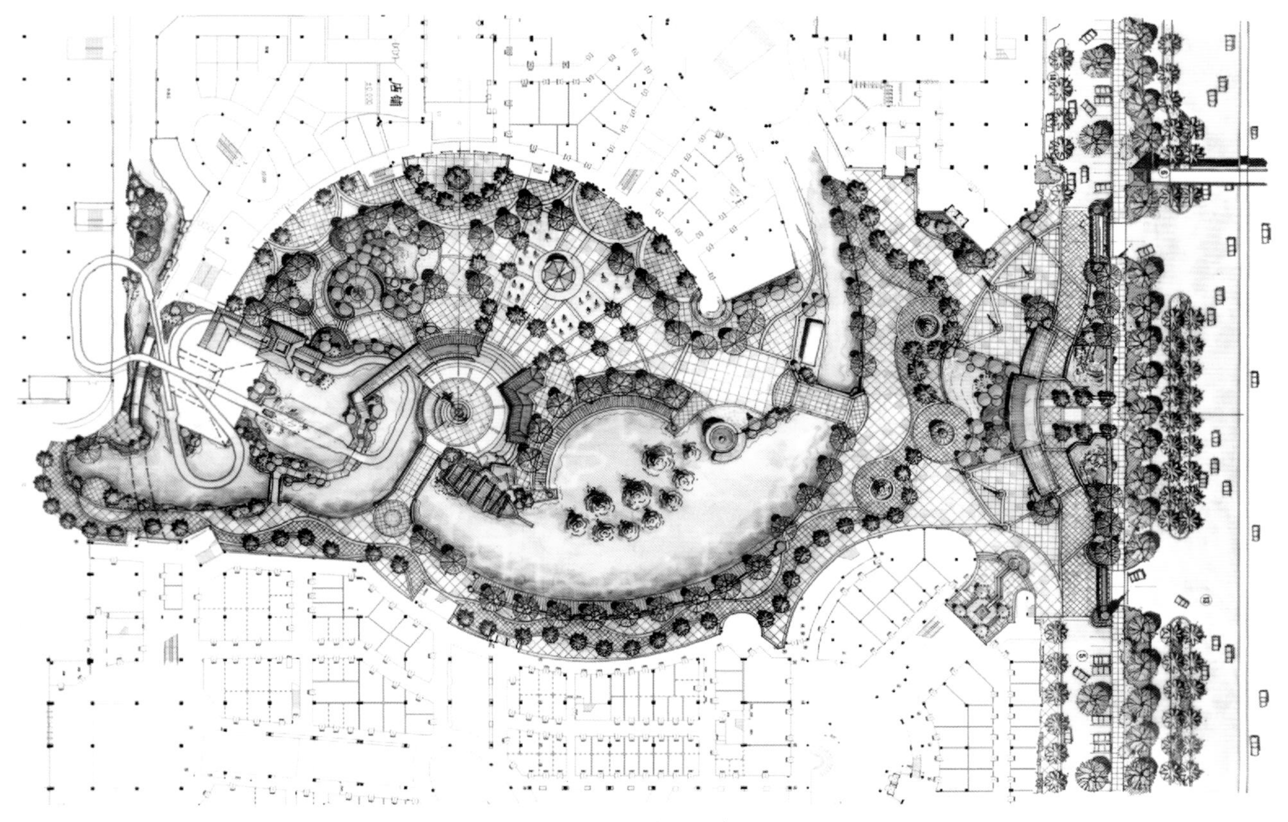

▲ 图5-1　总平面布局图

放线图一般采用直角坐标形式进行定位，以某一点（这一点一般为现有的、长期性保留的建筑物）作为参照，为“零”点建立坐标网，以水平方向为B轴，垂直方向为A轴，并按一定的距离（一般常用的网格为2m × 2m ~ 10m × 10m）绘制出方格网，如图5-2所示。

5.1.3　竖向设计平面图

竖向规划，即对建设场地按其自然状况进行垂直于水平面方向的布置和处理，主要为工程土方和调配预算、地形改造的施工要求、做法提供依据，以便在尽少改变原有地形及自然景色的情况下满足日后使用者的要求，并为良好的排水条件和坚固耐久的建筑物提供基础。竖向设计合理与否，不仅影响着整个场地的景观和建成后的管理，而且直接影响着土方工程量，与场地的基建费用息息相关。竖向设计平面图是用来补充与说明总平面图的，竖向设计施工平面图绘制的坐标网应与总平面图坐标网一致，绘图方式主要以AutoCAD软件绘制，绘图比例与总平面图保持一致，图中除了植物可省略外，其他造园要素的绘制与总平面图相同。

如图5-3为某景观环境的竖向设计平面图。

高程的标注具体方法是在所要标记的位置用十字或圆点做标记进行标高标注，其中建筑主要标注室内首层地面及顶点处的高度；道路一般标注在转折点、交汇处、变坡点的位置；山石一般标注最高点的标高；水体的标高主要标注驳岸的岸顶、池底以及水面的最高、最低、常水位标高，并用单边箭头指明排水方向及雨水口位置。

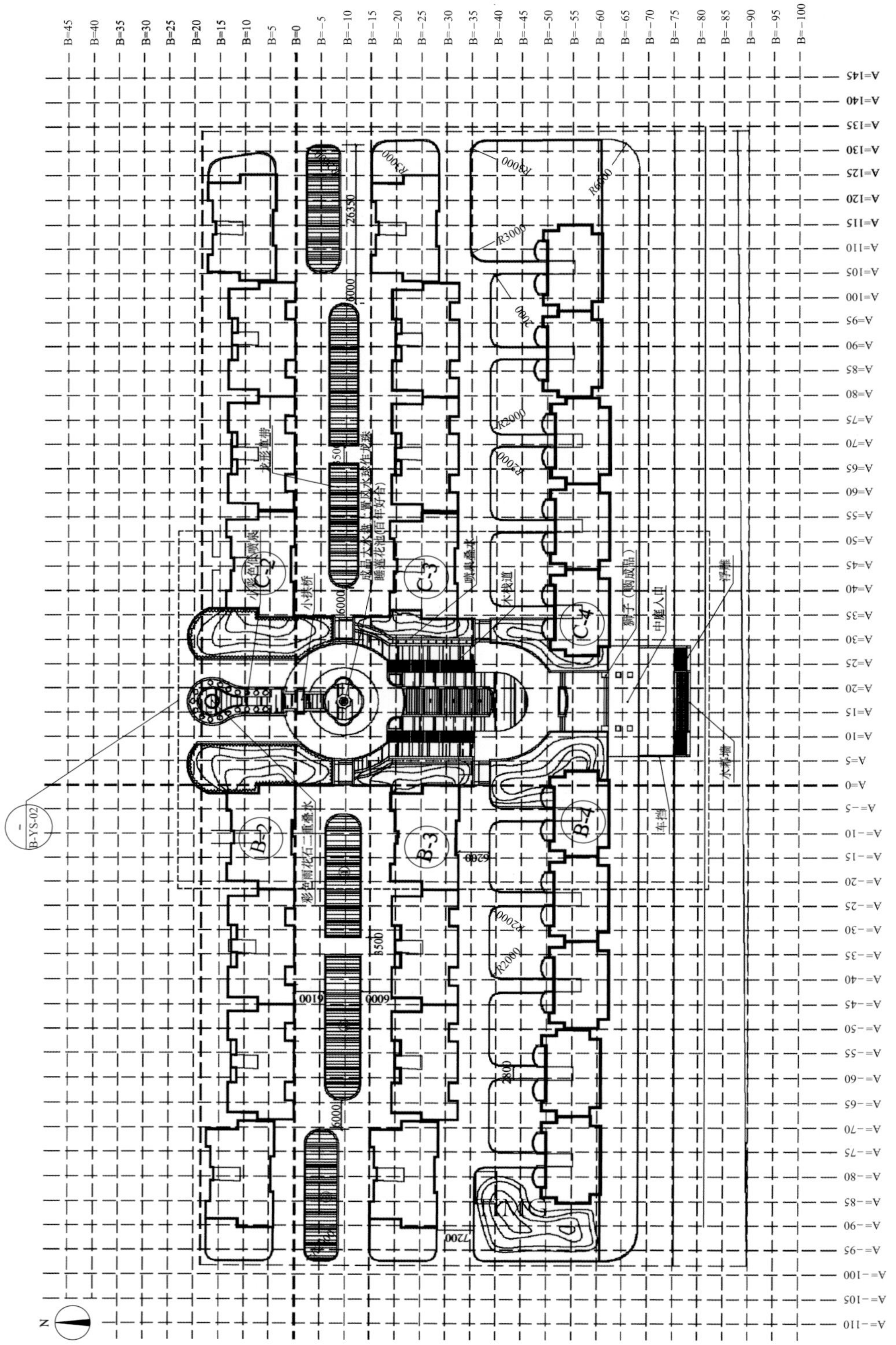

▲图5-2 总平面放线图

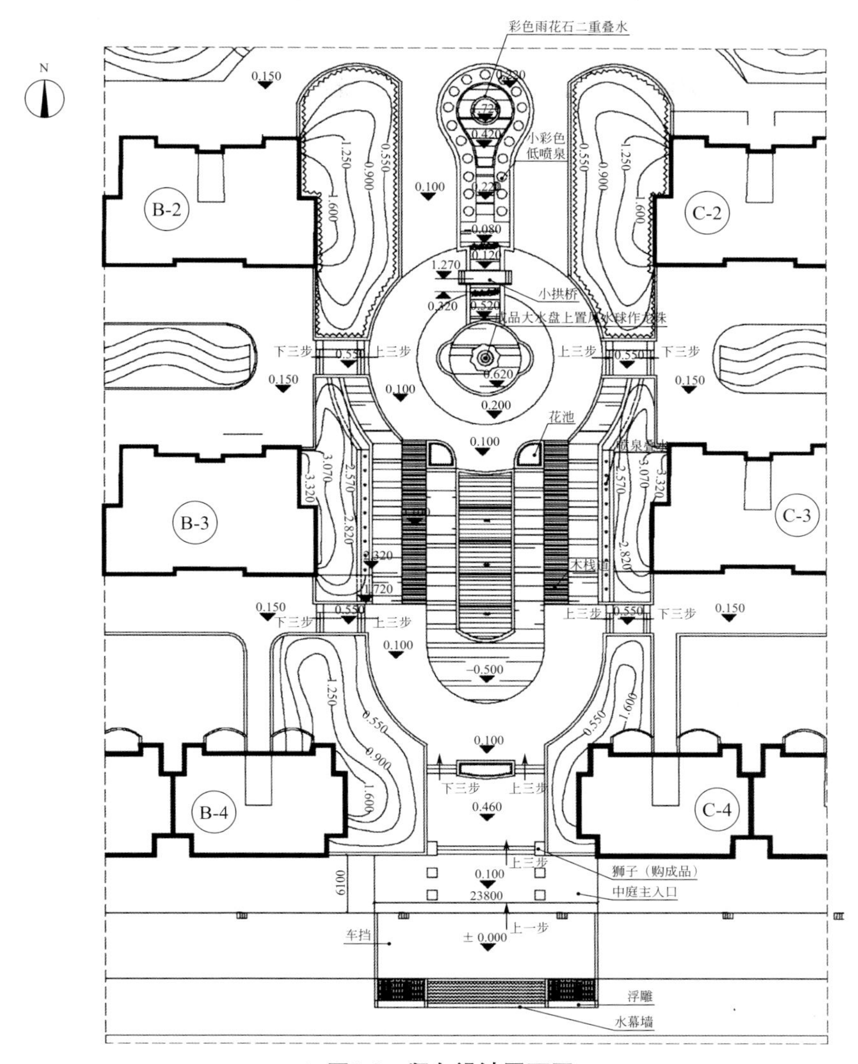

▲ 图5-3　竖向设计平面图

竖向设计中还包括对地形等高线图的绘制，地形是园林景观设计的基础。地形包括山地、丘陵、土丘、台地、坡地、平地、草原、平原等类型。用等高线表示地面高低起伏的地形图，叫等高线地形图。在制图中一般采用等高线图表达出地形的分布状态。它显示地貌的特点：

一是在同一条等高线上的各高度相等并各自闭合；

二是在同一幅图上，等高线多则山就高，等高线少则山就低；等高线密集处，表示陡坡，等高线稀疏处表示缓坡；

三是图上等高线的弯曲形状和相应实地地貌的形状相似；

四是等高线不能交叉，但在悬崖处，等高线可以重合。

用等高线绘制地形图时，一般在等高线的断开处标注高程数值，标注方向应指向上坡方向；如果设计规划的地形和原有地形不同时，原有地形的等高线要用虚线绘制，而设计地形等高线则用实线绘制。

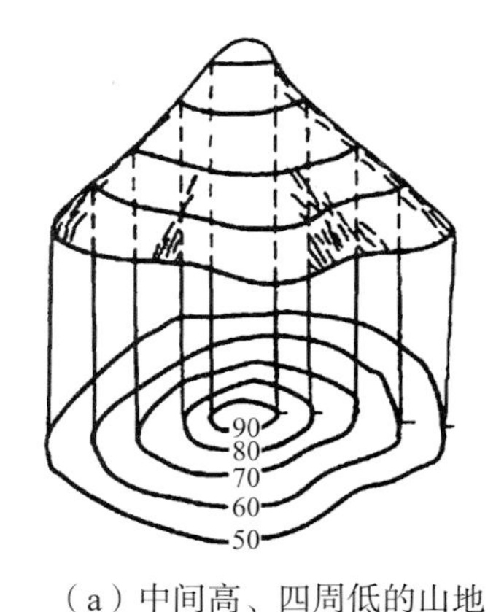

（a）中间高、四周低的山地

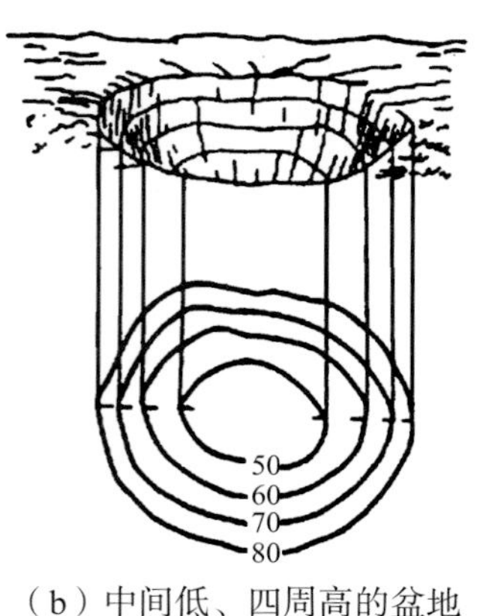

（b）中间低、四周高的盆地

▲ 图5-4　山地和盆地

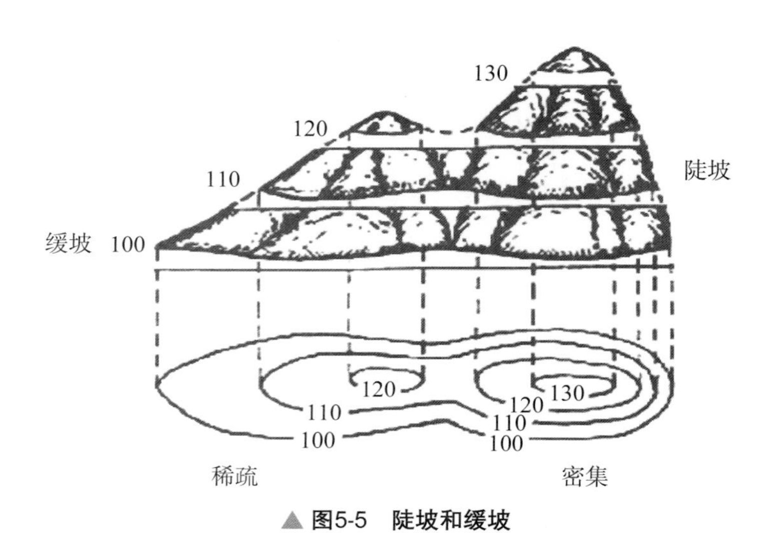

▲ 图5-5　陡坡和缓坡

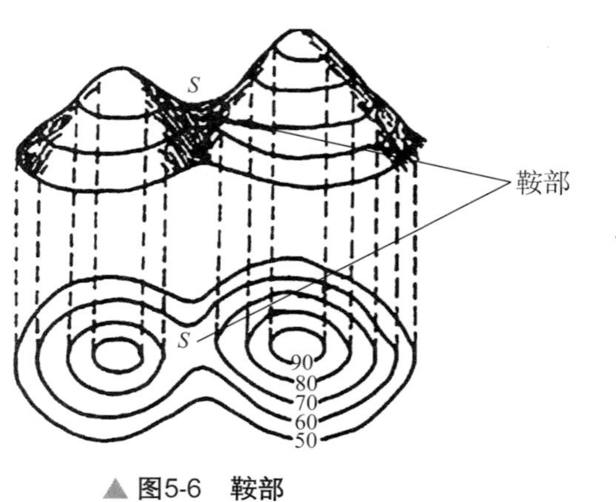

▲ 图5-6　鞍部

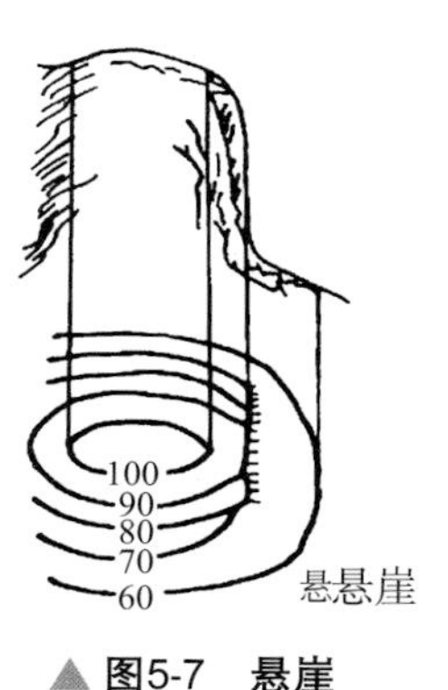

▲ 图5-7　悬崖

等高线地形图中的常见地形及其表示方法如图5-4 ~ 图5-7所示。

5.1.4　种植设计平面图

种植设计是按植物生态习性和景观设计的要求，合理配置各种植物，以发挥它们的景观功能和观赏功能的设计活动。在景观设计中，花草树木是构成景观的首要条件，因此绿化设计是景观设计的核心。绿化种植设计平面图是在总平面图基础上，用设计图例绘出常绿乔木、落叶乔木、落叶灌木、常绿灌木、整形绿篱、自然形绿篱、花卉、草地等具体的位置、种类、数量、种植方式、规格及种植要求的图样，并附有植物配置表，它是组织种植施工、编制预算和养护管理的重要依据。

（1）种植设计平面图的AutoCAD表现

种植设计平面图与总平面图类似，也需绘制出相应的建筑、道路、水体等造园要素，其中，建筑、山石和水体的驳岸均用粗实线绘制外轮廓线，道路广场用细实线绘制，还需用虚线画出区域内地下管线或构筑物的位置，用以确定植物的种植位置，植物用细实线绘制，并需对植物图例进行文字说明，如果图中某一种类植物种植种类数量较少，则可直接将文字说明（包括植物的种类名称和株数）标注在图中，对于同一树种应用细实线连接起来进行集中标注，如图5-8所示；但如果植物种类数量较多时，则用数字编号表示。并需做一个苗木统计表，表中列出植物的编号、树种名称、数量及规格等，数字编号要与苗木统计表中的编号相一致。此外，还需对植物株行距进行定位，对于规则式种植一般采用尺寸标注的形式对植物株行距进行定位，而不规则种植则采用坐标网的定位方式。

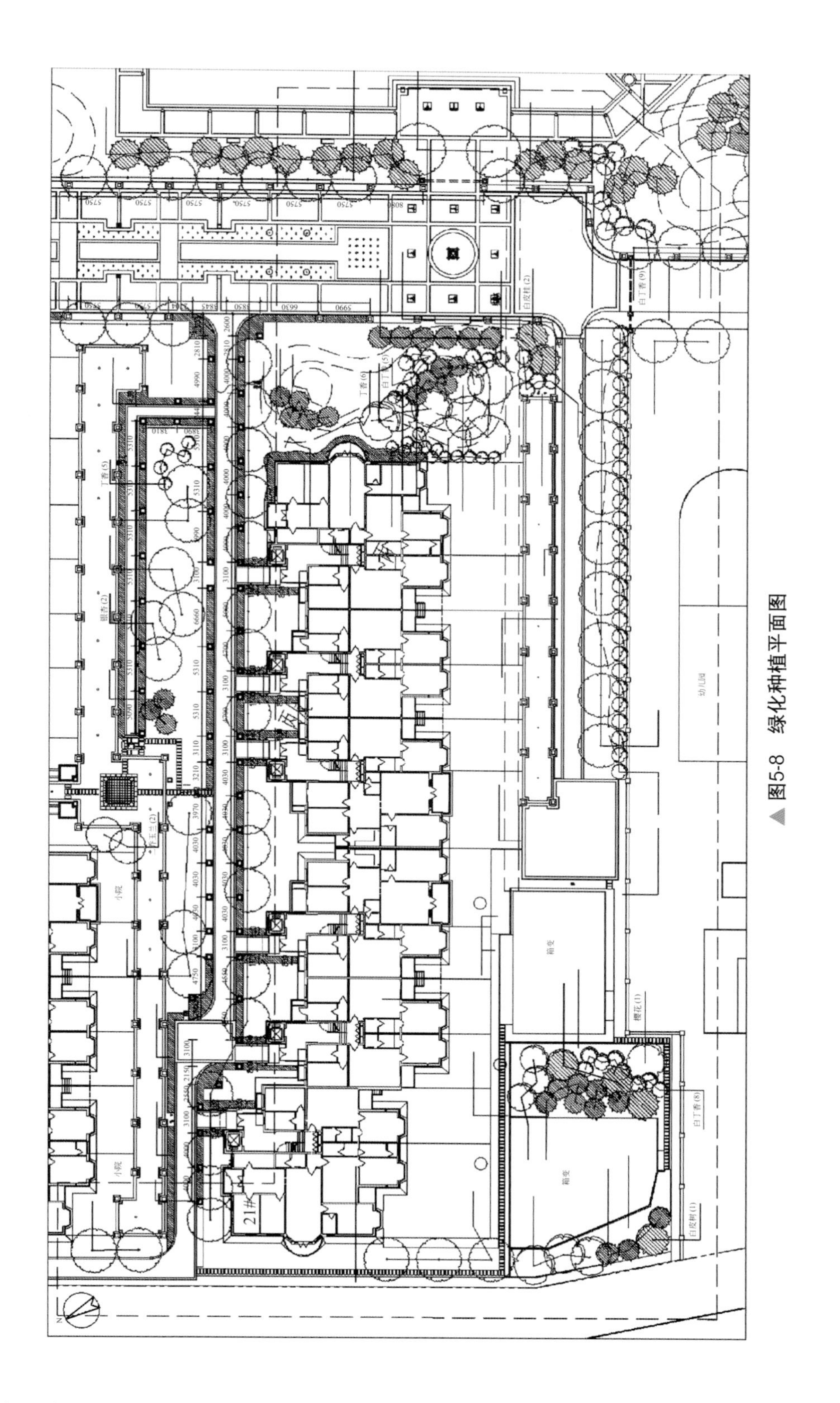

▲图5-8 绿化种植平面图

（2）种植设计平面图的手绘表现

自然界中植物的种类繁多、形态各异，在园林景观植物手绘平面图绘制中一般采用特定的图例表示法，不同植物种类，其示意图例各不相同。

① 乔木的平面画法　平面图中乔木的示意图例是以树干为圆心，用大小不同的黑点表示树木的种植位置和树干的粗细，用圆圈表示树木成龄以后树冠的大小，表现手法有以下三种方法。

a. 轮廓法。这种画法特点是简单、快速。用或粗或细的线条绘出树木外形轮廓，轮廓可光滑，也可有凸凹变化，如图5-9所示。

b. 枝叶法。在轮廓法的基础上，再根据树木的分枝特点用线条绘制出树枝和分叉，也可绘出适量树叶，如图5-10所示。

c. 质感法。以写实的手法表示出树冠的质感，重点刻画树叶的繁茂变化特征，如图5-11所示。

为了增加图面的生动效果，一般在勾勒树木的平面图例时，通常根据太阳光的投射方向、树冠形状，在树木的背光面绘制树木的投影，使画面更加富有立体感，如图5-12所示。

对于平面图中树冠大小的表达，应根据不同植物种类和树龄按比例绘制，如图5-13所示，成龄树木的树冠取值范围见表5-1。

▲ 图5-9 轮廓法

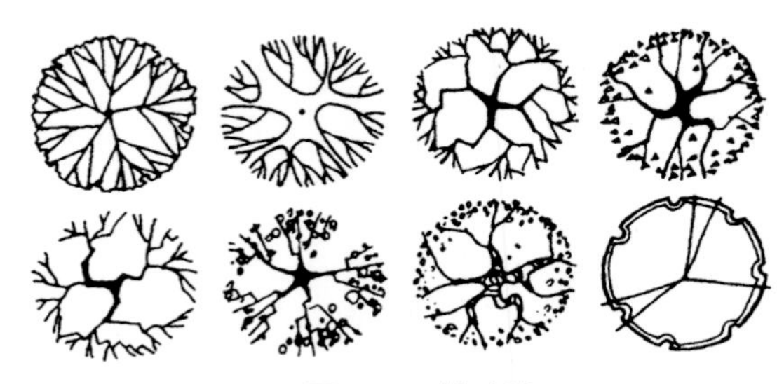

▲ 图5-10 枝叶法

表5-1 成龄树木的树冠取值范围 单位：m

树种	孤植树	高大乔木	中小乔木	常绿乔木	锥形常幼树	花灌丛	绿篱
冠径	10～15	5～10	3～7	4～8	2～3	1～3	宽度：1～1.5

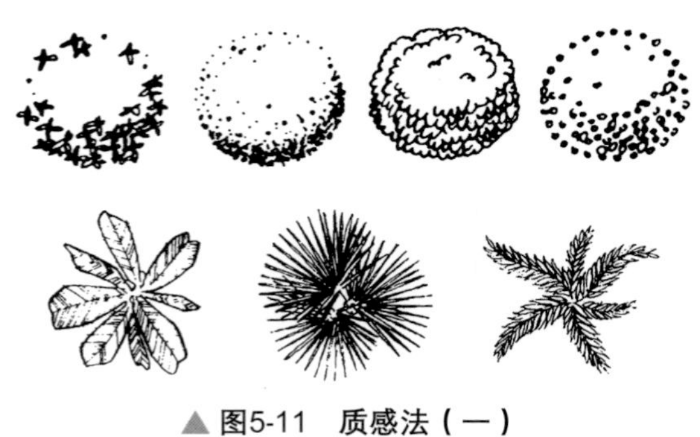

▲ 图5-11 质感法（一）

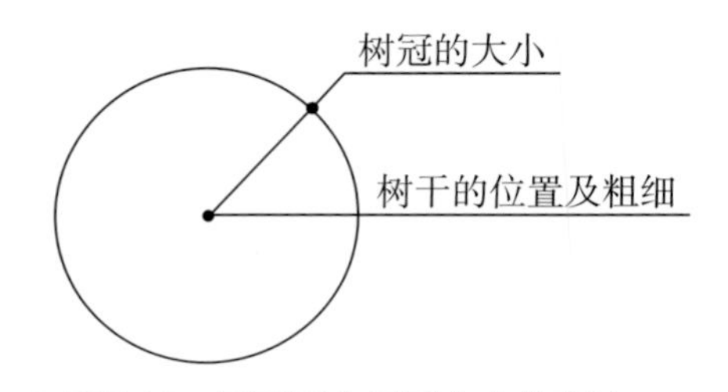

▲ 图5-13 平面图中树冠大小的表达

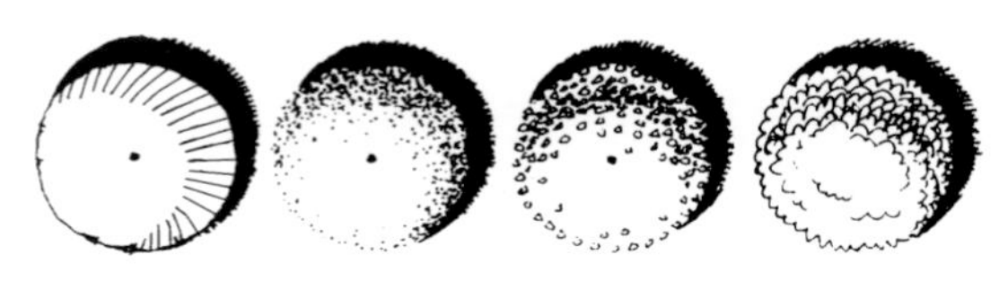

▲ 图5-12 质感法（二）

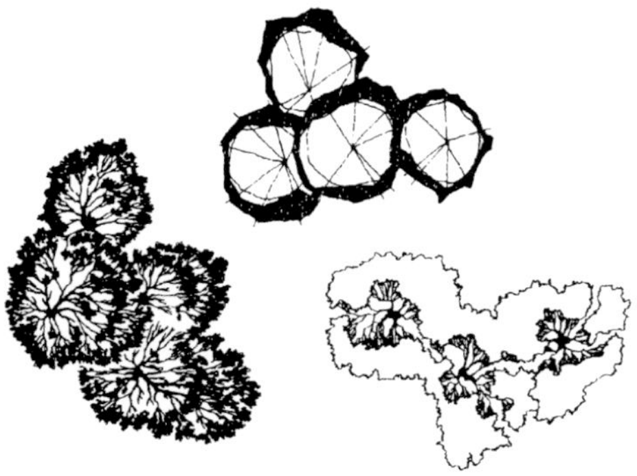

▲ 图5-14　多株相连树木的平面画法（一）

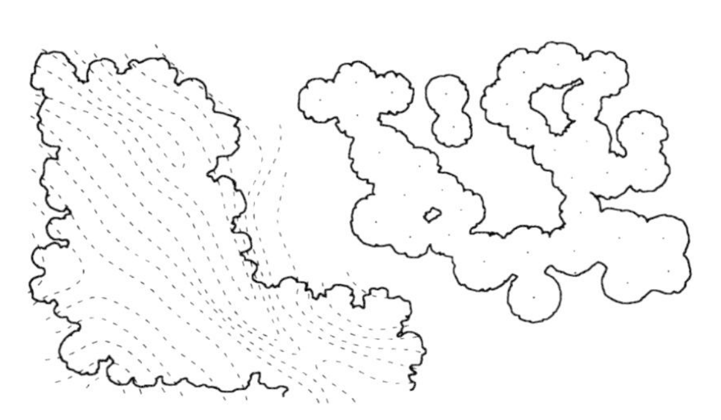
▲ 图5-15　多株相连树木的平面画法（二）

▲ 图5-16　针叶类乔木树冠轮廓画法

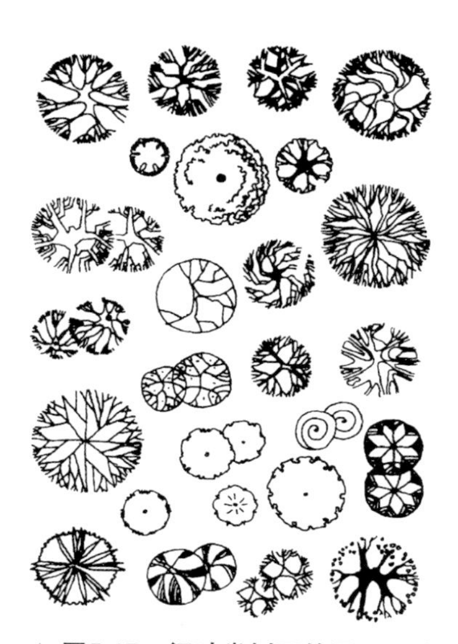
▲ 图5-17　阔叶类树冠的平面画法

对于几株相连树木的组合，要强调出树木的上下层次关系；对于多株相连树木的平面绘制，可只勾勒其林木边缘线，以强调树冠的总体平面轮廓，如图5-14、图5-15所示。

乔木分针叶类和阔叶类，为了在平面图中能够更加直观地区分出不同种类，常以不同的线型及形式表现树冠轮廓，如针叶类乔木的树冠轮廓以针刺状或锯齿状线形绘制，如图5-16、图5-17所示。

阔叶类乔木的树冠轮廓则以圆弧线或波浪线绘制，如图5-17所示。乔木又有落叶与常绿之分，对于常绿树种，则在树冠轮廓内加画平行的45°斜线，而落叶树则可用枯枝表现，如图5-18所示。

② 灌木和绿篱的平面画法　灌木和绿篱的体积较小，一般没有明显的主干，其单株图例表示与乔木类似，但它们多是群植，无法用单株的表示形式来区分各自的轮廓，所以表现时需把握其成片种植的基本特征进行绘制，勾勒出其外形的几何形状，并在几何形内添加装饰线，以区别针叶、阔叶、花灌木等植物种类。根据种植方式不同，灌木和绿篱的画法又分为两类：一类是自由式的画法，以较随意的自然曲

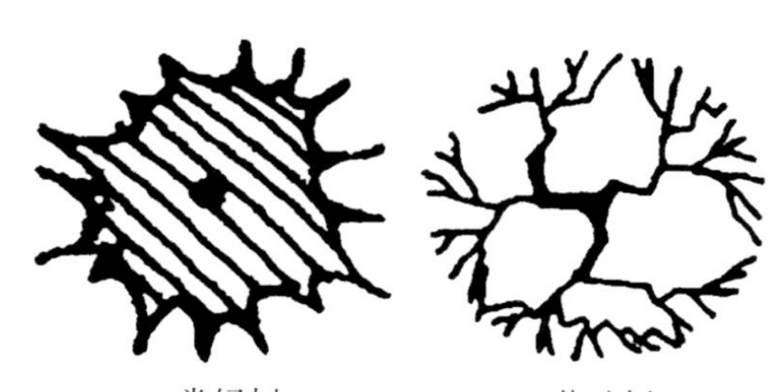

▲ 图5-18　阔叶类乔木树冠轮廓

线绘制；另一类是被修剪整齐的规则式，以整齐平直的线形绘制，也可采用乔木的画法，如轮廓法、枝叶法和质感法等表示，如图5-19所示。

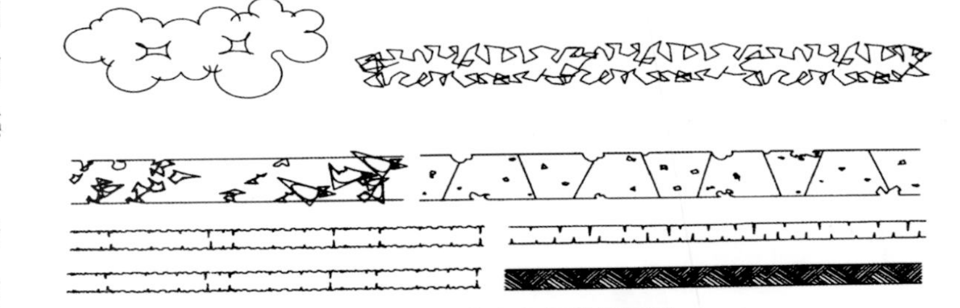

▲ 图5-19　灌木和绿篱的画法

③ 花卉的绘制　花卉的平面表示法可灵活对待，如花带可用连续自然的曲线画出花纹和花卉种植范围，中间用小圆表示花卉，如图5-20所示。

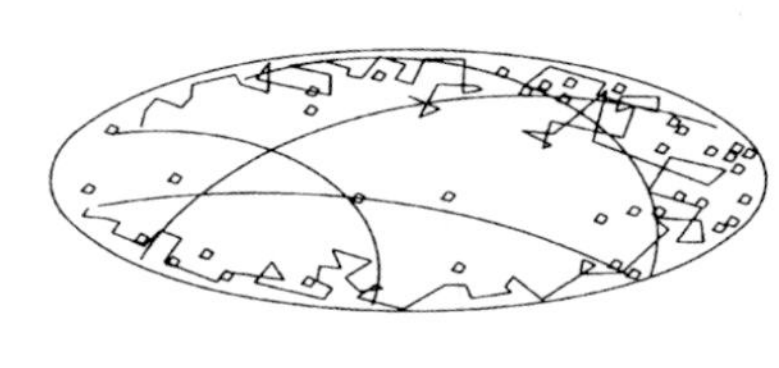

▲ 图5-20　花卉平面图画法

④ 地被植物及草坪的画法　草坪及地被植物的平面图例，一般用打点、小圆圈或者排列平行短线等来表示。为了增加平面图的透视感和层次感，一般在草坪边缘、建筑物边缘或树冠边缘应密集绘制，而在中心区域则应稀疏，如图5-21所示。在彩色平面图中，草坪或地被植物面积较大者，则采用颜色退晕技法，以增加画面丰富感。

⑤ 蔓生类植物的画法　以自由的曲线绘制在所依附的景观建筑设施上，如图5-22所示。

5.1.5　工程平面图

园林建筑工程包括园林建筑和园林工程。其中园林建筑指的是园林空间中的厅堂、亭、廊、榭等；园林工程指的是园路、园桥和假山等。园林建筑工程图是用来表达园林建筑及园林工程的设计构思和各部分的结构、装饰的做法以及施工要求等。园林建筑和园林工程施工图包括平面图、立面图、剖面图、结构详图和效果图等。这里主要讲述平面图表达，其它类型的图见后续内容。

① 建筑平面图　在景观总平面图中，建筑平面图主要表达厅堂、亭、台、楼、阁、榭、廊等建筑的建筑设计的内容，包括建筑物在景观中的总体位置、平面形状、朝向、建筑内部空间布局以及细部结

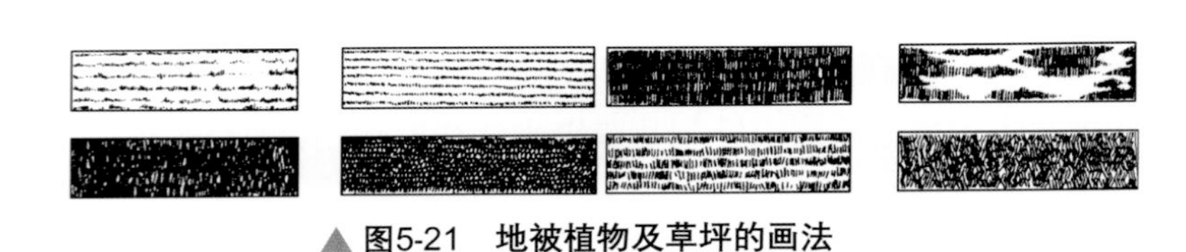

▲ 图5-21　地被植物及草坪的画法

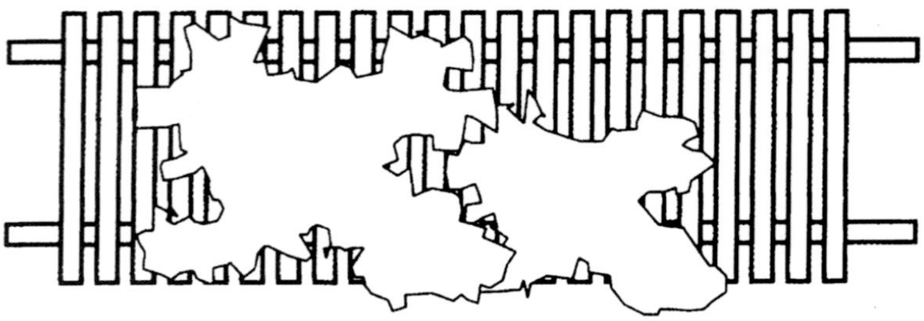

▲ 图5-22　蔓生类植物的画法

构、装饰和施工要求等，绘制时要遵守相关建筑规范的要求。以下是基本的绘图要求。

a. 园林建筑应采用通用的建筑平面图表达方法，用粗实线绘制建筑轮廓，并用中实线绘制基本的入口、走道、楼梯的位置等，对于建筑的散水、台阶、花池、景墙等附属部分，一般用细实线绘制。主要建筑平面图应标注建筑物首层室内地面、室外地坪及道路的绝对标高（单位：m），说明土方填挖情况、地面坡度及雨水排除方向，还应标注指南针以表示建筑物的朝向。如有地下管线或构筑物，图中也应画出它的位置，以便作为平面布置的参考。如果在园林建筑工程图中有比较详细的建筑平面图，则园林景观设计总平面图中的建筑物可简单表示。

b. 亭、廊、花架等的图例绘制。在制图规范中尚无明确的规定，主要依据其本身的样式按比例绘制，其平面图一般可参照建筑平面图的绘制方式绘制，如图5-23～图5-26所示。

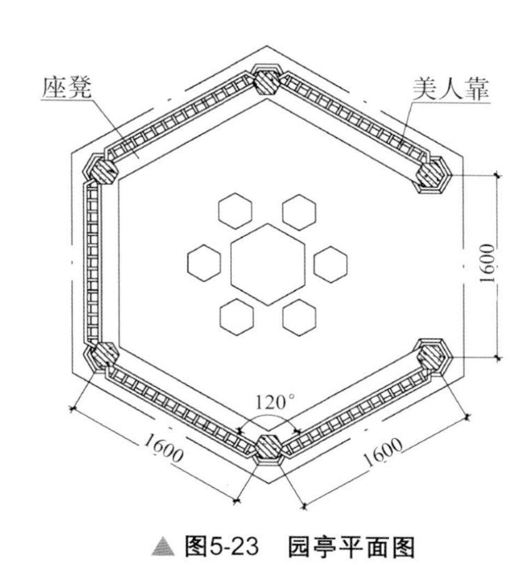

▲ 图5-23　园亭平面图

▲ 图5-24　休息廊底平面图

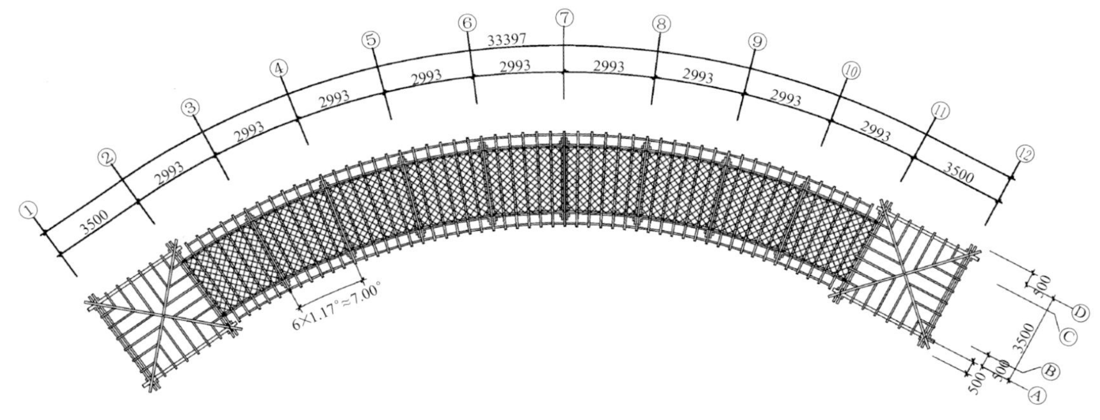

▲ 图5-25　休息廊顶平面图

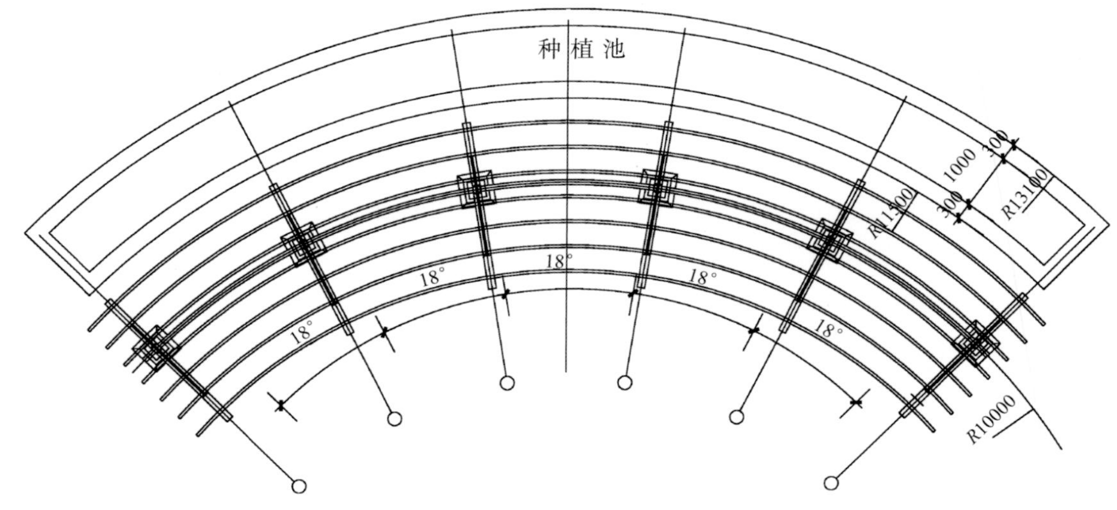

▲ 图5-26 弧形花架平面图

② 园路工程图 园路工程图主要包括园路平面图、路线纵剖面图、路基横剖面图、铺装详图和园路透视效果图，用来表达园路的平面位置、线形状况、沿线的地形和地物、纵断面标高和坡度、路基的宽度和边坡、路面结构、铺装图案、路线上的附属构筑物如桥梁、涵洞、挡土墙的位置等。

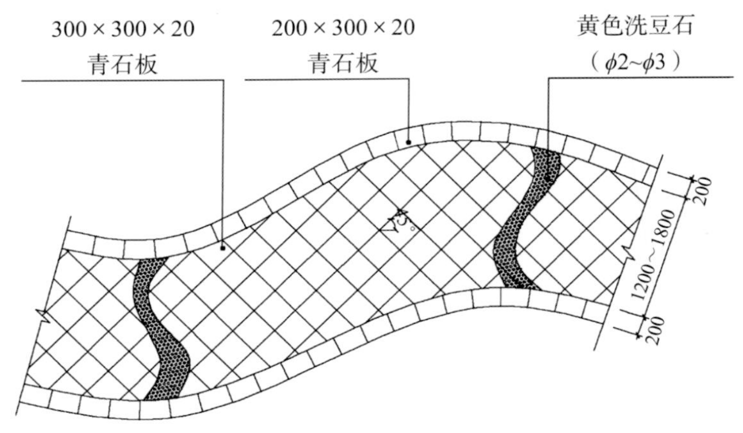

▲ 图5-27 园路平面图

园路平面图是用来表示园路的平面布置，包括园路的线形、方向、铺装材料以及路线两侧一定范围内的地形和设施等。各种图例画法应符合国家规范，对于新建道路需用中粗实线表示，原有道路需用细实线表示。如图5-27所示，是园路平面图的施工图样。

园路的平面手绘表现中最重要的是对于宽度和形状的界定，一般平面道路的边缘用中粗线画，或用密集的黑点表示道路的边缘。园路材料主要有人造和天然两种，人造材料一般有混凝土砖、水泥砖、沥青、塑胶等，天然材料一般有花岗石、大理石、砾石、卵石等，绘制时要根据不同材料特点和质感进行表现，如图5-28、

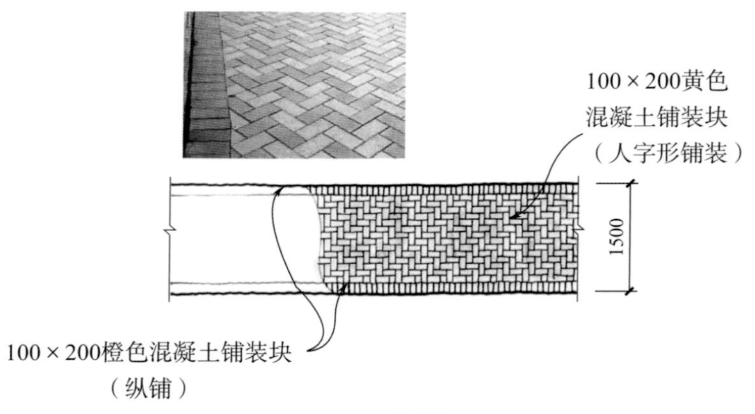

▲ 图5-28 铺地表现

图5-29所示。

③ 园桥平面图　园桥不仅起到联系水景和岸边道路的桥梁作用，且具有分隔水体、构成景点的作用；既有道路的作用，又有建筑的特征。园桥按照其不同的形式一般分为拱桥、平桥、曲桥、汀步四类。施工图中园桥的表现方法如图5-30～图5-33所示。

在景观手绘平面图中的表现方法如下。

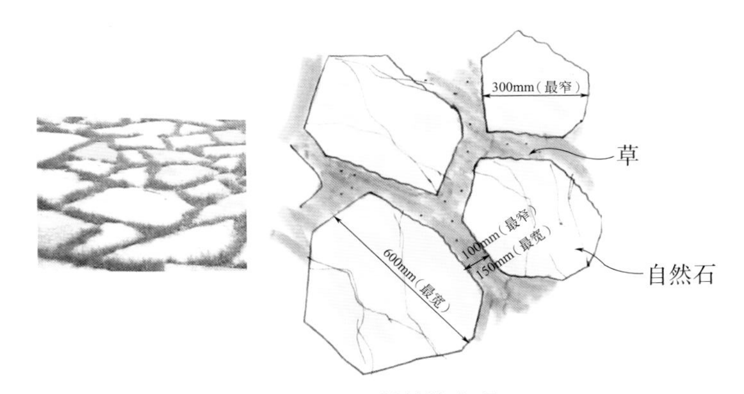

▲ 图5-29　石材铺地表现

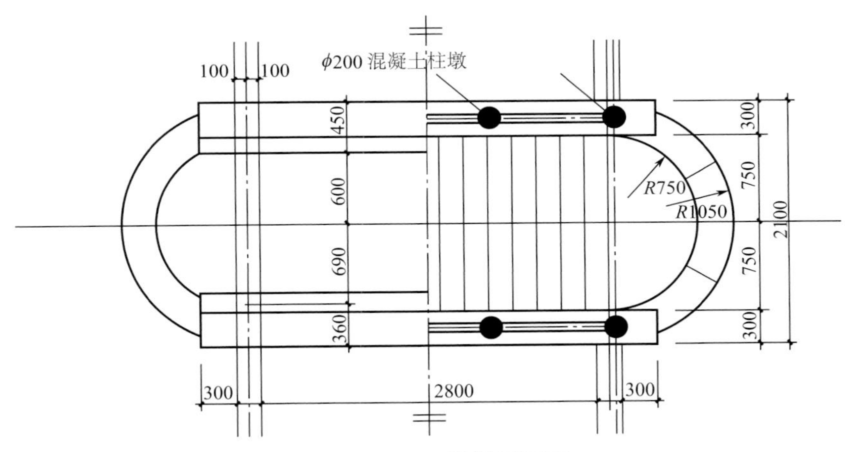

▲ 图5-30　拱桥平面图

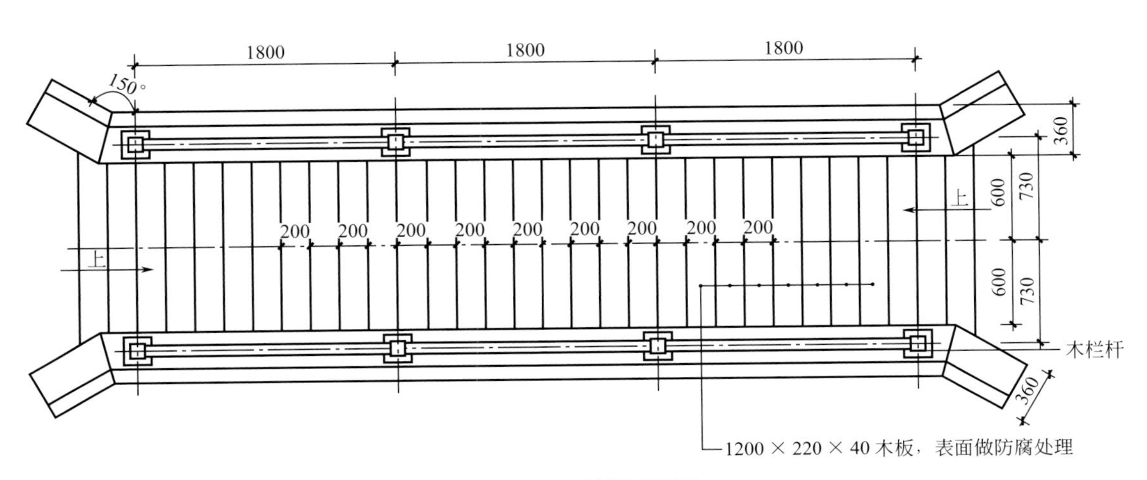

▲ 图5-31　平桥平面图

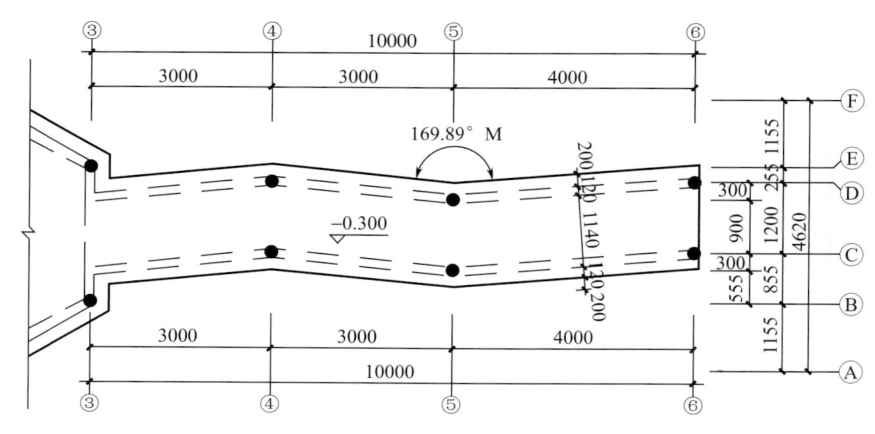

▲ 图5-32　曲桥平面图

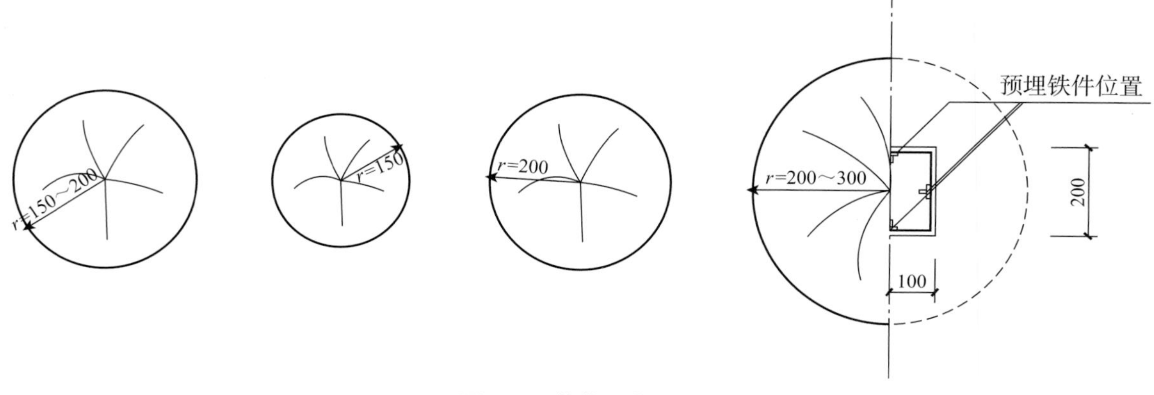

▲ 图5-33　荷花汀步平面图

a. 拱桥。拱桥在立面上看是带有弧度的拱形桥，中间高、两端低，当桥的跨度较大时，桥下可行船。进行平面绘制时可以适当画出桥的拱形的渐变线条出来，如图5-34所示。

b. 平桥。平桥是与两岸等高的、造型小而精巧、贴着水面而设的平板桥，画法较为简单，如图5-35所示。

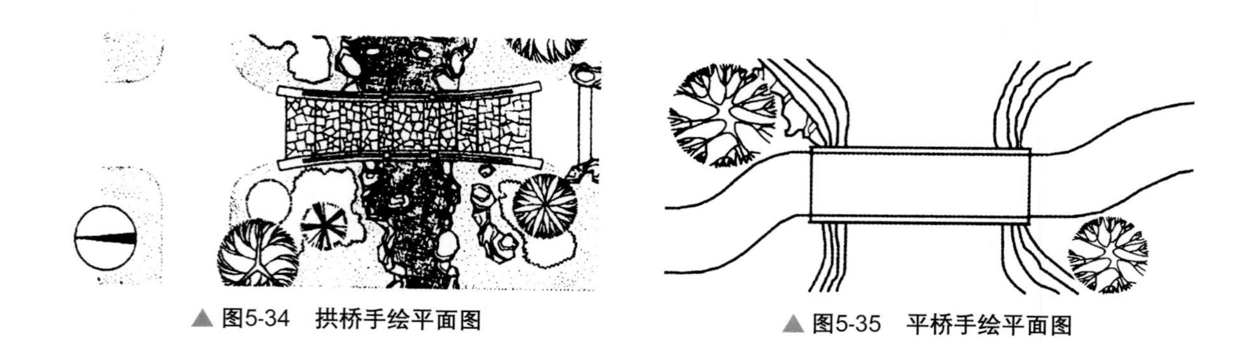

▲ 图5-34　拱桥手绘平面图

▲ 图5-35　平桥手绘平面图

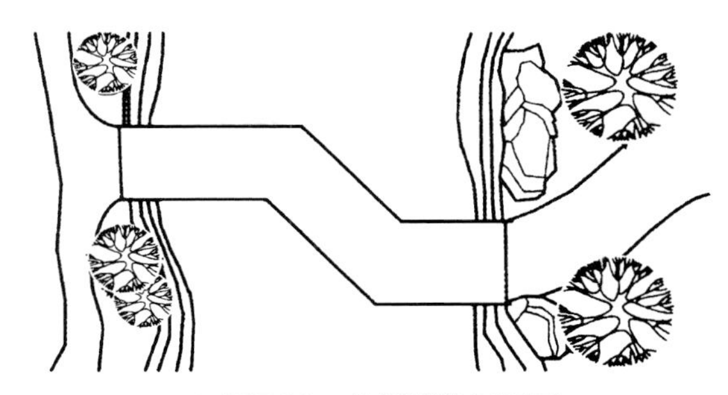

▲图5-36　曲桥手绘平面图

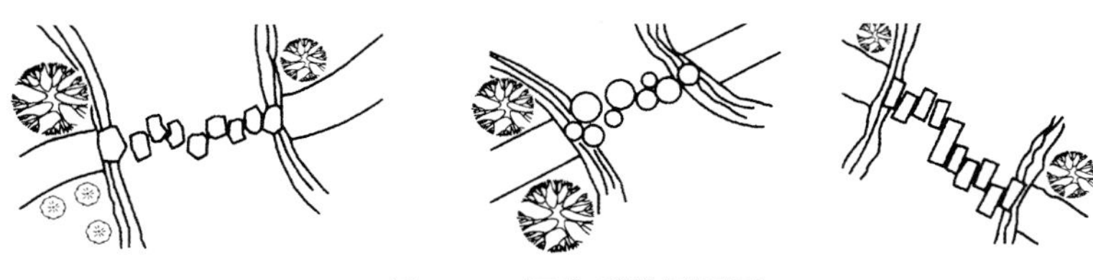

▲图5-37　汀步手绘平面图

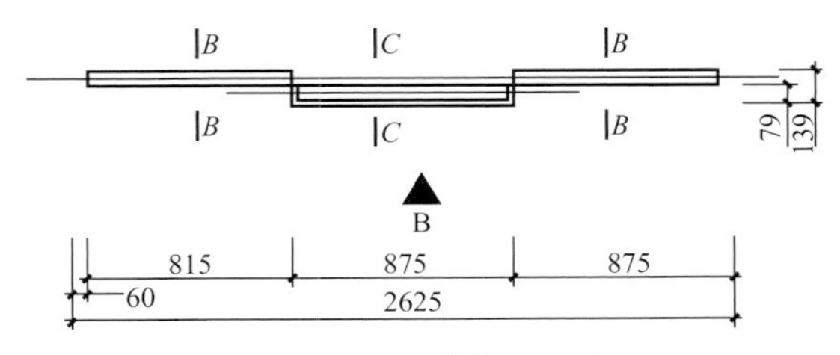

▲图5-38　景墙的平面表现

c. 曲桥。特点是桥面平坦与两岸等高，平面上具有曲折变化。曲桥既能为游人提供各种不同观景的角度，同时也能够丰富水面的景观，如图5-36所示。

d. 汀步。汀步是设在浅水上的石墩、木桩等，为游人通过提供方便，如图5-37所示。

④ 景墙的平面表现　如图5-38所示。

5.1.6　水景的绘制与表现

① 水景平面图　施工图中水景平面图主要用来表示水体的平面位置、水体形状、进水口、泄水口、溢水口的位置及管线的布局；如果水体为喷水池或生态池，须在图中标注出喷头位置和种植的水生植物位置，如图5-39所示。

水景平面图的绘制过程：首先绘制出水体的平面形状，包括各种水景的驳岸线、池底、山石、汀步、小桥等的位置。如果是自然式水体则需绘制细线坐标网以确定详细情况；其次要确定放线的基准点与基准线。

② 水景手绘图　园林景观手绘图中对水景的绘制主要根据其形态特征加以表现，以下是几种常用的手绘表现方法。

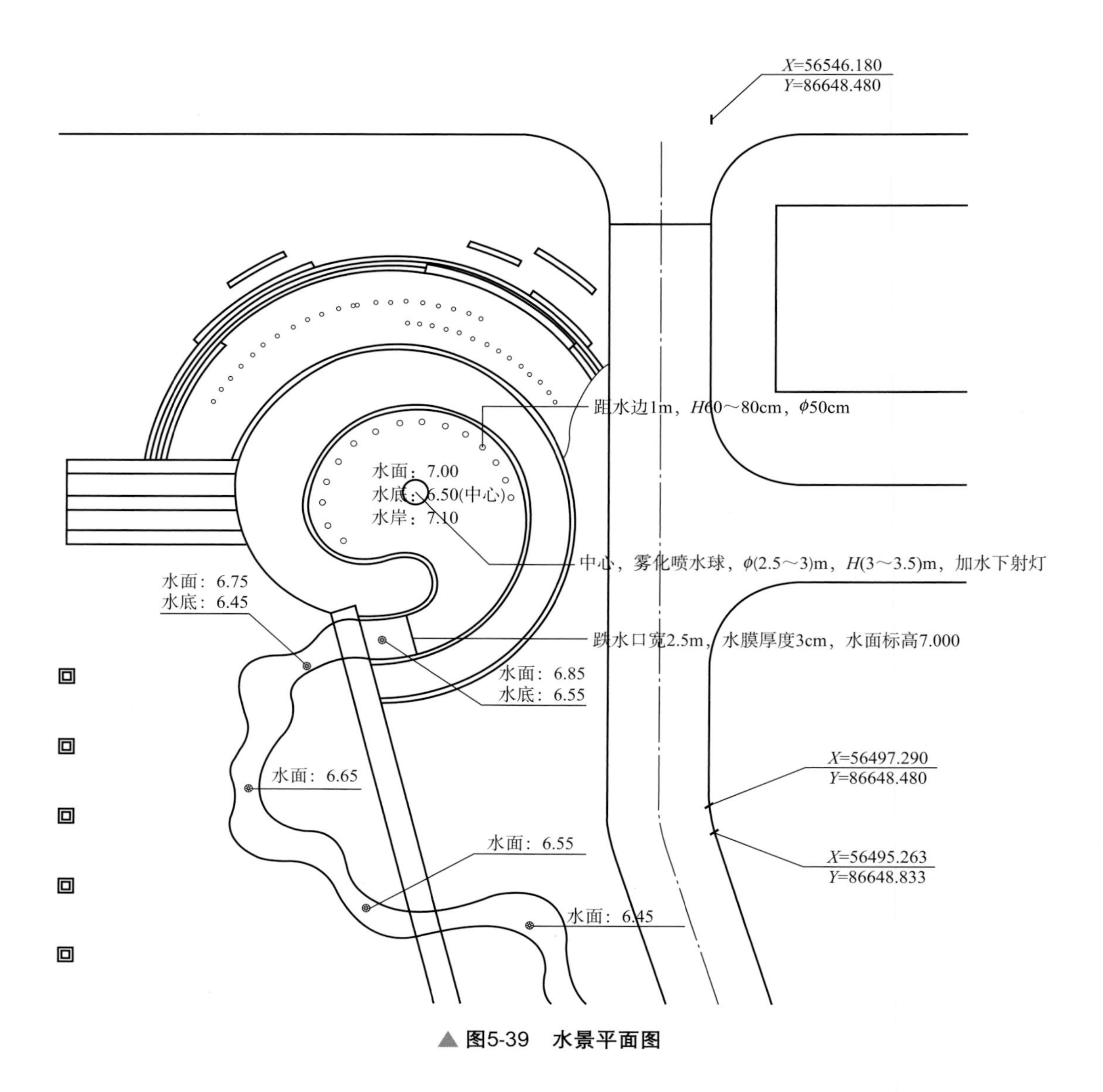

▲ 图5-39 水景平面图

a. 线条表现法。一般用于规则式水池的画法，先勾勒出水池边缘，再徒手排列平行线条以表示水面。作图时，可将整个水面画满水平线条，也可局部留白表示水面的反光、折射。平行线条又分为有平行直线和波浪线，分别表示静水和动水。静水常采用拉长的水平线以表达水的平静，受光部分用留白的方法表示水面的反射；动水常以波形短线条表示流动的水面，运笔时有规则地曲折，如图5-40所示。

b. 等深线表现法。常用于不规则的自然水面的画法，徒手在自然型水面轮廓的内部再作两三根闭合的曲线，这些闭合的曲线为等深线，如图5-41所示。

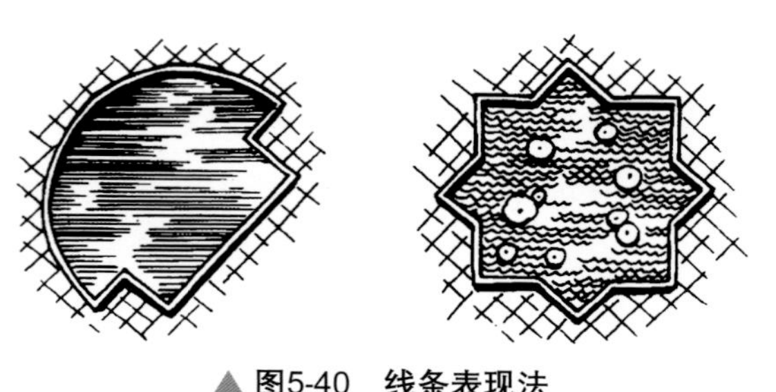

▲ 图5-40 线条表现法

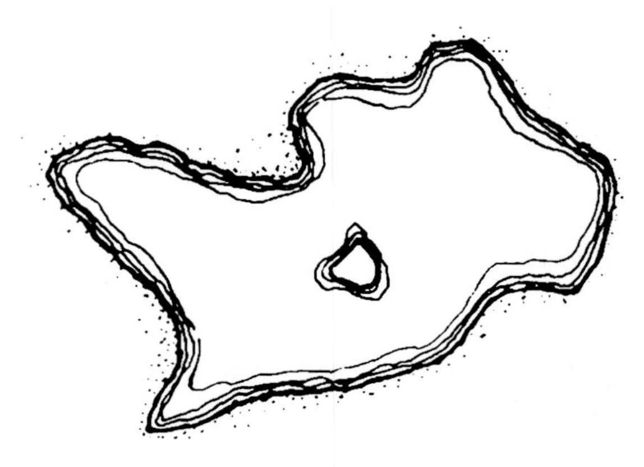

▲ 图5-41 等深线表现法

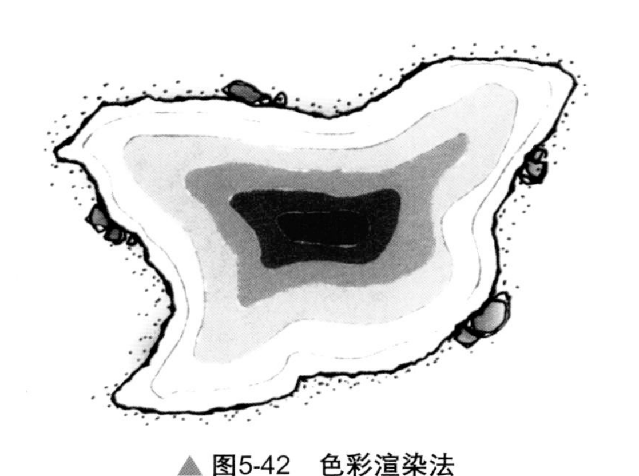

▲ 图5-42　色彩渲染法

▲ 图5-43　间接表现法

c. 色彩渲染法。在等深线画法基础上，再用色彩将水面进行由浅到深一遍遍渲染的画法，一般靠近水中部的水面颜色较岸边颜色深一些，如图5-42所示。

d. 间接表现法。利用与水面有关的一些设施表示水面，例如通过水面上的荷花、睡莲等水生植物，或水中的船、游艇，码头、驳岸边的大小石块等与水密切相关的内容来衬托水面，并画出相关设施在水中的倒影，如图5-43所示。

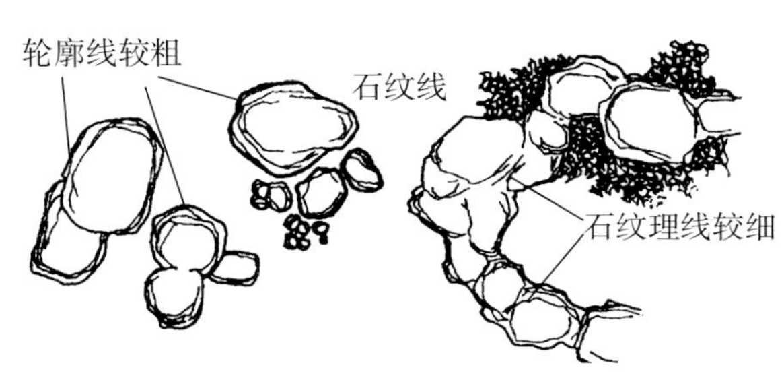

▲ 图5-44　平面石块的表现

5.1.7　山石的平面绘制与表现

平面石块通常只用线条勾勒轮廓来表现，为了保证图面效果整体，较少采用光线、质感的方式表现。一般用粗线条勾勒轮廓线，用细线条勾勒石块表面的纹理，如图5-44所示。

5.1.8　景观小品的平面绘制与表现

景观小品是园林中供休息、装饰、照明、展示和为园林管理及方便游人之用的小型建筑设施。特点是一般没有内部空间，体量小巧，分布广泛，数量多，造型别致，富有特色，并讲究适得其所。如休息座椅、雕塑小品、园灯、指示牌、垃圾箱等，如图5-45～图5-48是各类景观小品的平面图例表示。

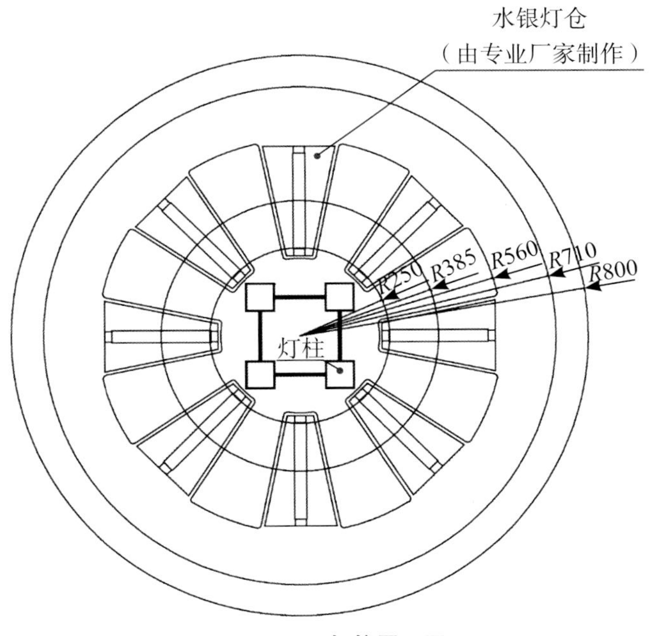

▲ 图5-45　灯柱平面图

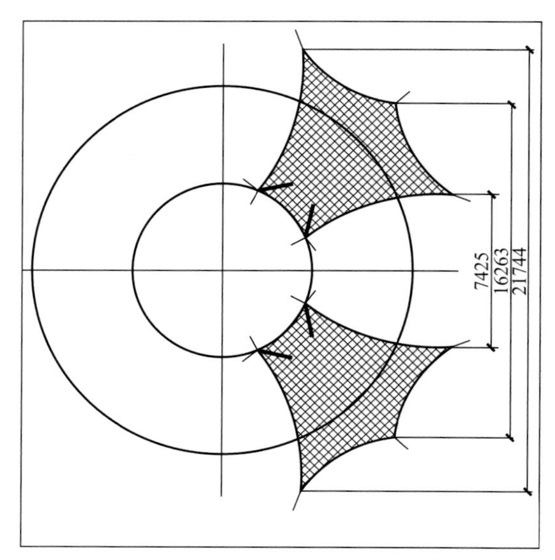

▲ 图5-46　张拉膜平面图

景观小品在园林景观中既能美化环境，丰富景观，为游人提供休息和公共活动的方便，又能使游人从中获得美的感受和良好的教益。

5.2 景观施工图详图的绘制

5.2.1　景观立面图的绘制

景观立面图是指按比例绘出景观物体的侧视图，表达景观物体垂直方向的形态和尺寸，也显示景观建筑与周围环境的高低错落关系。景观立面图可根据实际需要选择最能反映特征的方向进行绘制，但景观环境地形通常是有凹凸起伏变化的。景观立面图相对景观平面图而言，要简单一些。立面图绘图步骤如下所述。

① 先用最粗的粗实线画出地平线，包括地形高差变化；

② 再用中粗线确定建筑物或构筑物的位置；

③ 最后用细实线画出其轮廓线以及景观小品、水体、植物等的轮廓线；

④ 根据具体情况进行图面调整或进行着色。

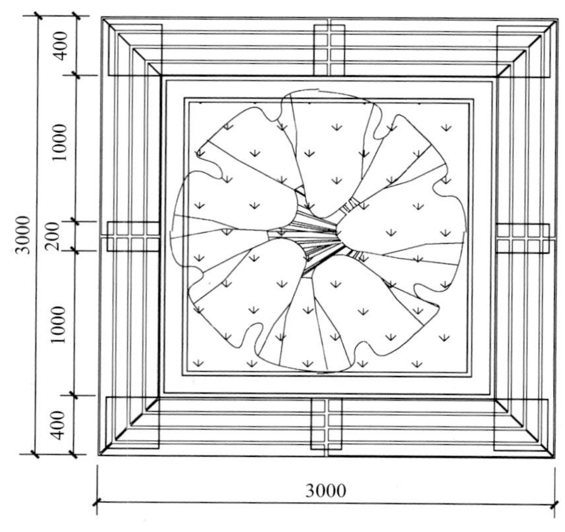

▲ 图5-47　树池平面图

5.2.2　景观剖面图的绘制

景观剖面图主要是指按比例绘制出地形、景观建筑、植物等的垂直方向的形态，与立面图类似，但有区别，区别在于剖面图是对景观进行了一个剖切，然后进行正投影的视图，主要表现地形的起伏、建筑物或构筑物的室内外高度、水体的深度、宽度及其相配套的构件的形状等。剖面图的绘图步骤如下。

① 先选择一个剖切方向，根据地形图上的等高线以最粗的线画出地形剖面线，再用中粗线绘制出剖切到的建筑物或构筑物、水体等，未剖切到的建筑物或构筑物，只需画出其投影轮廓线；

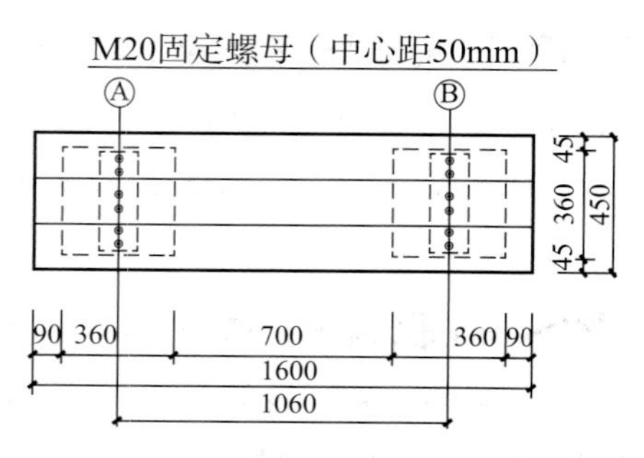

▲ 图5-48　休息椅平面图

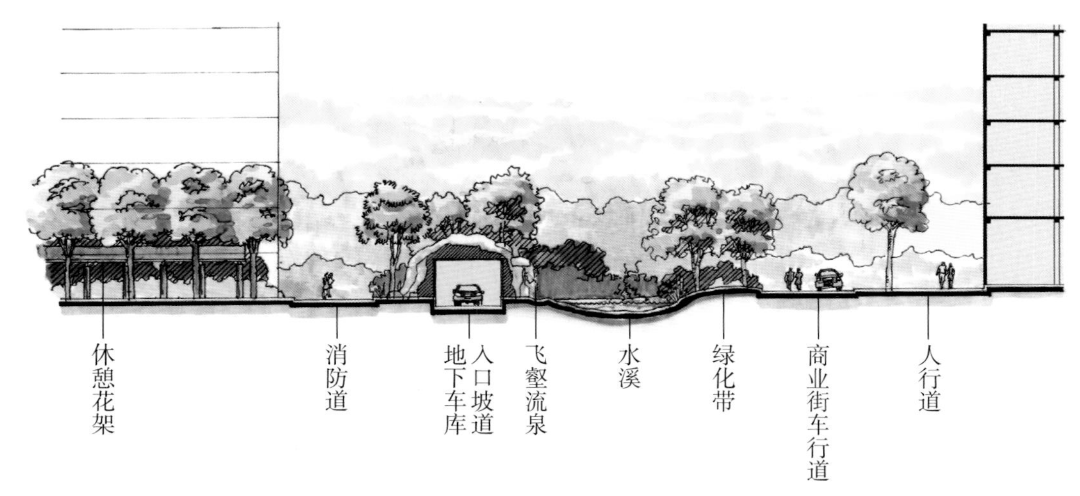

▲ 图5-49 竖向设计图剖面图

② 最后用细实线将平面图中所设计的植物、小品、人物等表现到相应的位置；

③ 必要时根据具体情况进行图面调整和着色。

5.2.3 竖向设计图的剖面图绘制

竖向设计施工图还需绘制剖面图，通过剖面图可以直观地表达出地形及园林景观设施的高低变化。剖面图一般用于地形狭长地段的地形表达，以便更加直观地说明其竖向上的起伏变化和景观效果。如图5-49所示。在绘制剖面图的过程中要注意以下几方面。

① 首先，选择具有代表性并最能够反映设计意图的轴线方向，并在竖向设计平面图中用剖切符号标注剖切的位置，其纵向坐标为地形与剖面交线上各点的标高，横向坐标为地面水平长度。

② 其次，被剖切到的地形轮廓线需用加粗的实线绘制，绘制地形轮廓线的方法是：如果等高线地形图与剖面图位置上下对应时，可用引垂线的方法来描点，进而画出剖面图；如果剖面图位置不与等高线地形图上下对应时或两张图在不同位置时，常用量距离的方法来描点。

③ 最后，图中被剖切的主要景物的剖面应用粗实线绘制，对于没有被剖切到的物体，但又能被看见的，只需按照物体的所在位置按其投影画出即可。

5.2.4 种植设计的立、剖面图绘制

景观施工图中对于重点树群、树丛、林缘、绿篱、花坛、花卉及专类园等，可附种植详图。种植详图一般采用剖面图的形式绘制，用以表示种植的一些细部尺寸、材料和做法等，通常以1：50或1：100的比例绘制，如图5-50所示。

园林景观手绘表现图中种植设计立面图主要是以表现植物的外部轮廓特征为主，图例的绘制取决于植物的枝干和树冠的形态特征，枝干的表现主要以其粗细、高矮、分枝等情况来体现，表现相对简单；而外形特征则主要由树冠决定，相对较为复杂，不同类型植物的树冠形状主要可概括为伞形、塔形、垂枝形和经过修剪的球形、圆柱形等几种基本几何形状。具体表现方法如下。

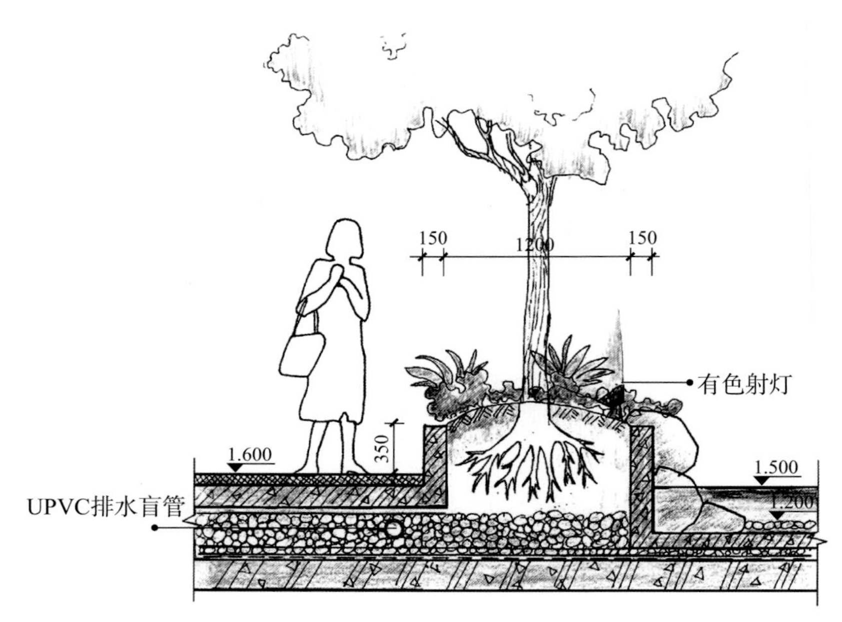

▲ 图5-50 种植详图

① 乔木立面图的手绘表现主要有两种方式：一种是写实画法，突出乔木的明暗关系，如图5-51所示；另一种是程式化画法，即为了加强图面的艺术效果，采用简化和夸张的手法突出其装饰效果，如图5-52所示。

表现还可综合运用轮廓法、枝叶法、质感法等表示，需注意的是同一株植物在立面图中的表现要与其在平面图中的风格和形式相统一，位置对应，树冠大小要相同，如图5-53所示。

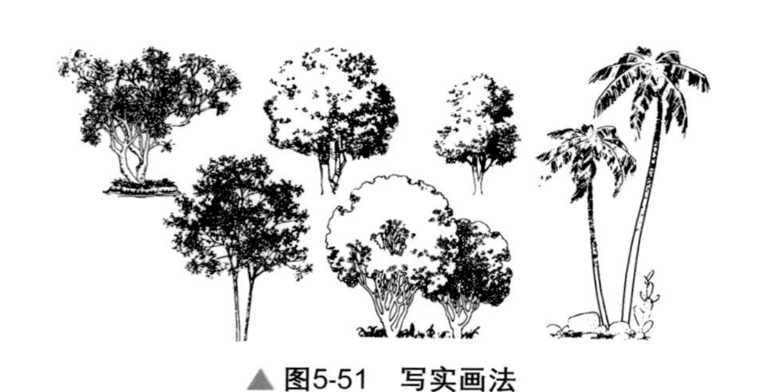

▲ 图5-51 写实画法

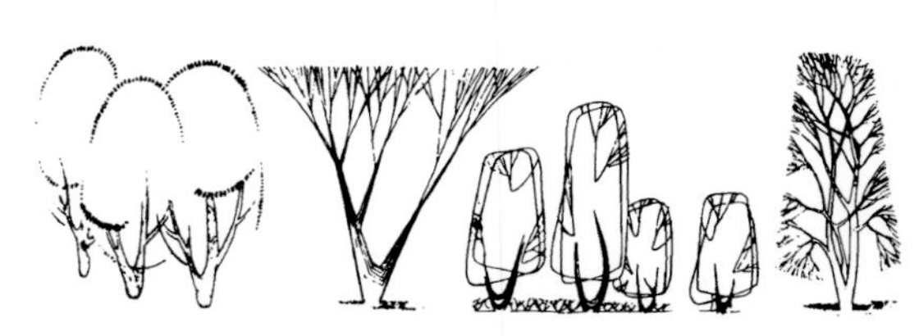

▲ 图5-52 程式化画法

▲ 图5-53 乔木立面图（平面图）的手绘表现

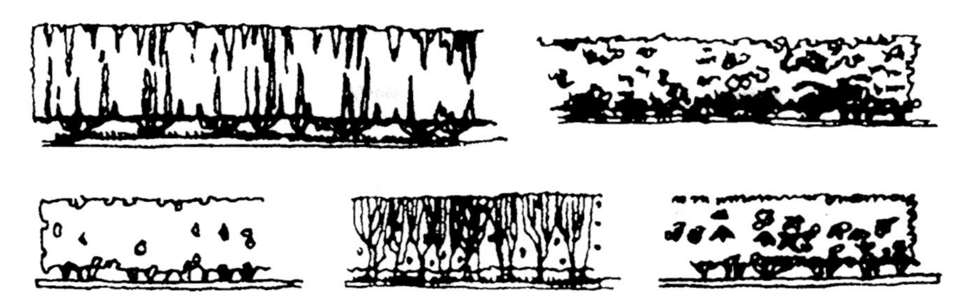

▲ 图5-54 灌木、绿篱的立面画法

▲ 图5-55 单株灌木立面画法

② 灌木、绿篱在园林中多以丛植和群植为主，因此，立面画法应体现其分枝多、分枝点低且相互穿插和渗透的特点，如图5-54所示。而单株灌木的画法与乔木画法类似，如图5-55所示。

5.2.5 景观建筑的立、剖面图绘制

亭、廊、花架等园林建筑的立面图以一般正投影的方式绘制其轮廓，并表达其与其他造园要素的关系，如图5-56～图5-61所示。

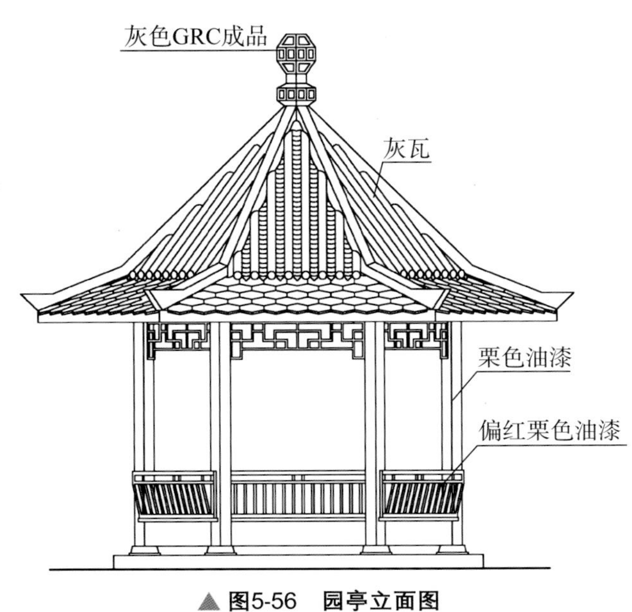

▲ 图5-56 园亭立面图

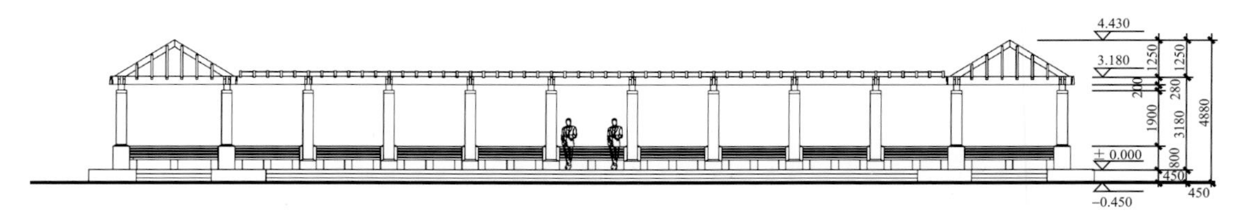

▲ 图5-57　休息廊立面图

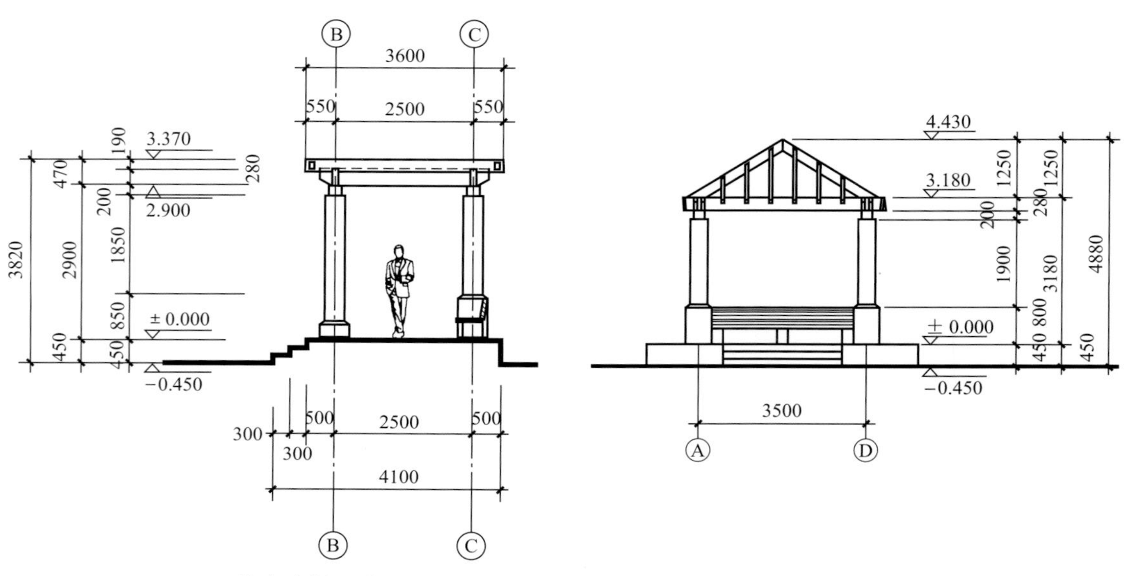

▲ 图5-58　休息廊剖面（一）

▲ 图5-59　休息廊剖面（二）

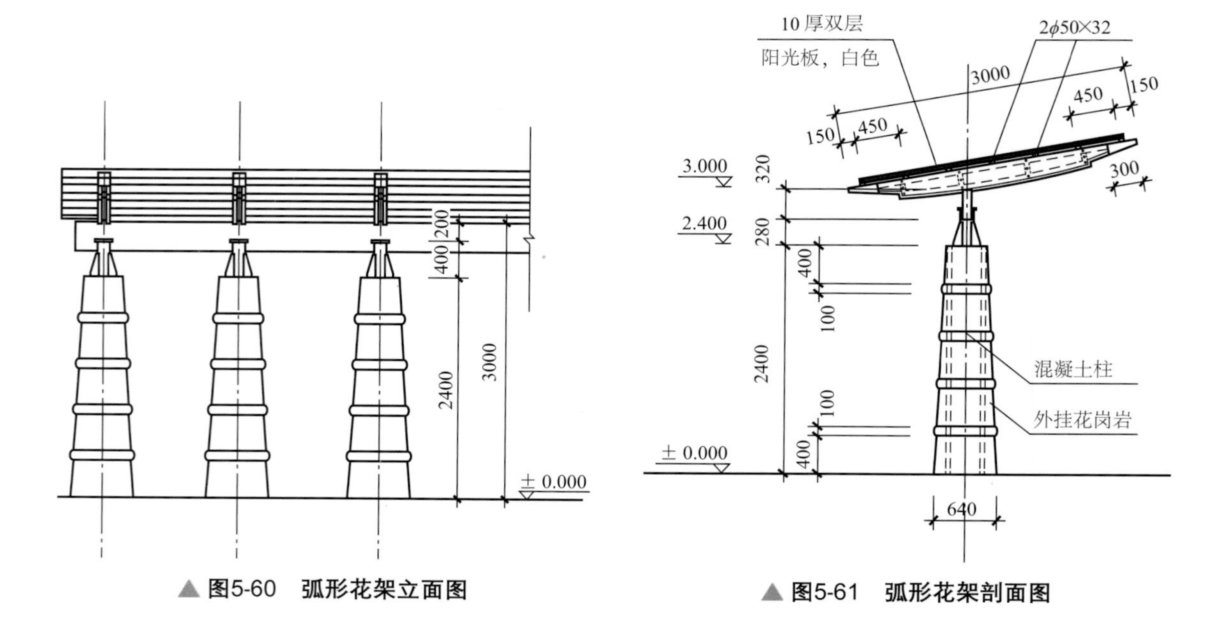

▲ 图5-60　弧形花架立面图

▲ 图5-61　弧形花架剖面图

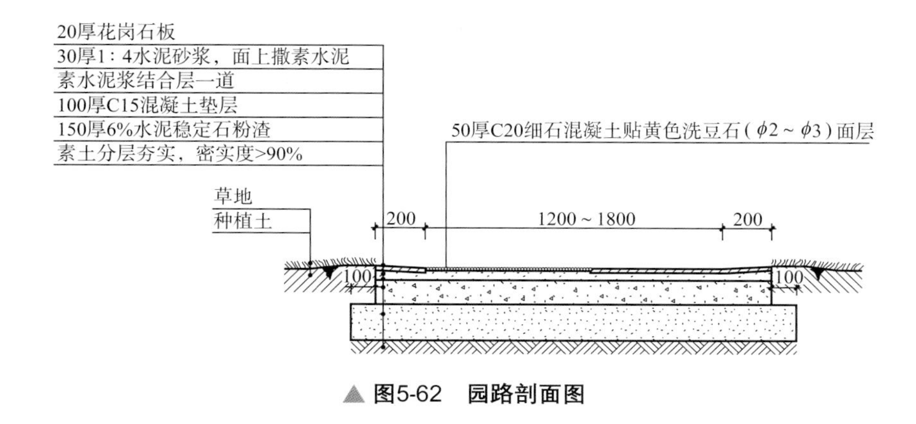

▲ 图5-62　园路剖面图

5.2.6　园路的剖面图绘制

园路的施工图一般以其纵向剖面来表现，其长度就是园路的宽度，用来表示园路的层面结构、尺寸、各层材料、做法和施工要求等，并需进行详细的标注说明，一般以局部放大的详图形式表现，如图5-62所示。

5.2.7　园桥的立、剖面图绘制

各类园桥的立面、剖面图如图5-63～图5-66所示。

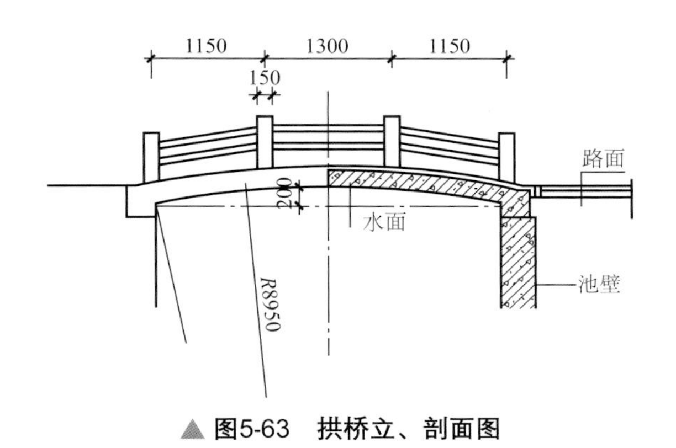

▲ 图5-63　拱桥立、剖面图

▲ 图5-64　平桥立面图

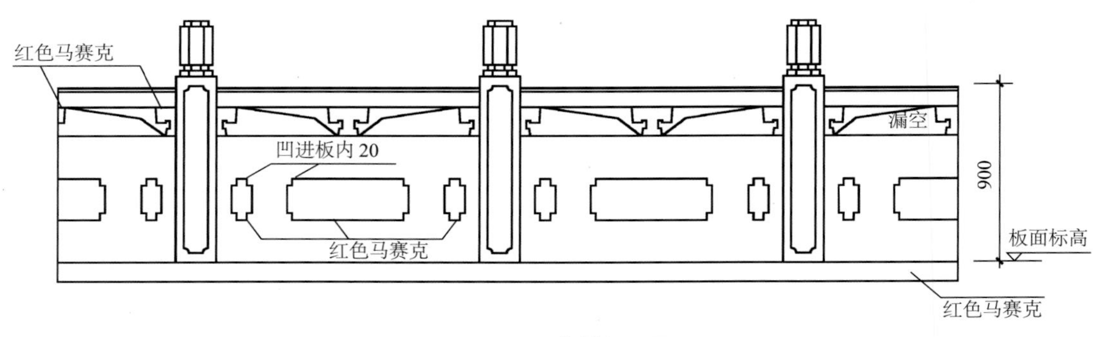

▲ 图5-65 曲桥立面图

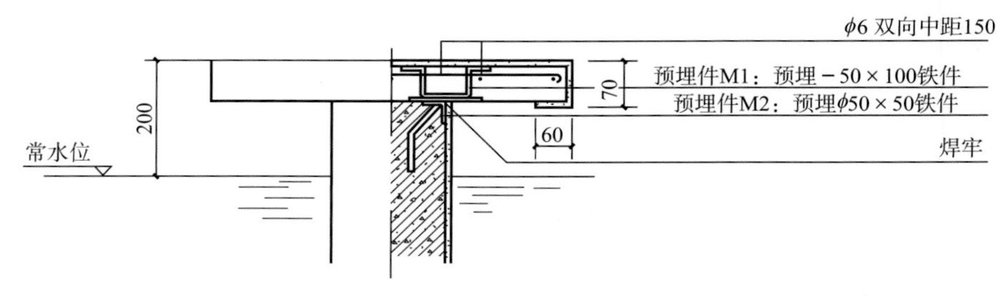

▲ 图5-66 荷花汀步立、剖面图

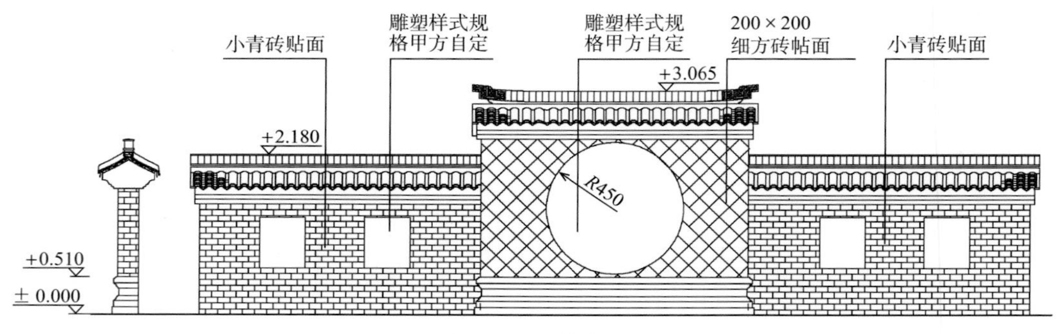

▲ 图5-67 景墙立面图

5.2.8 景墙的立面表现

如图5-67所示为景墙的立面图。

5.2.9 水景的剖面绘制与表现

水景的立面图主要由剖面图来表现，一般对于水体平面及高程有变化的地方需绘制剖面图，以表示出水体的驳岸、池壁、池底、山石、汀步及岸边的处理关系和所使用的材料及施工要求。水体表面以相互平行的细实线表示，其他结构设施按照相关的国家标准绘制。一般需绘制出水体设施的进水口、泄水口、溢水口的形状与位置及标高，并标出底岸、顶岸的标高和最高水位、常水位和最低水位的标高，对有泵站设施的水体，应标出泵站的位置、尺寸及标高，如图5-68所示。

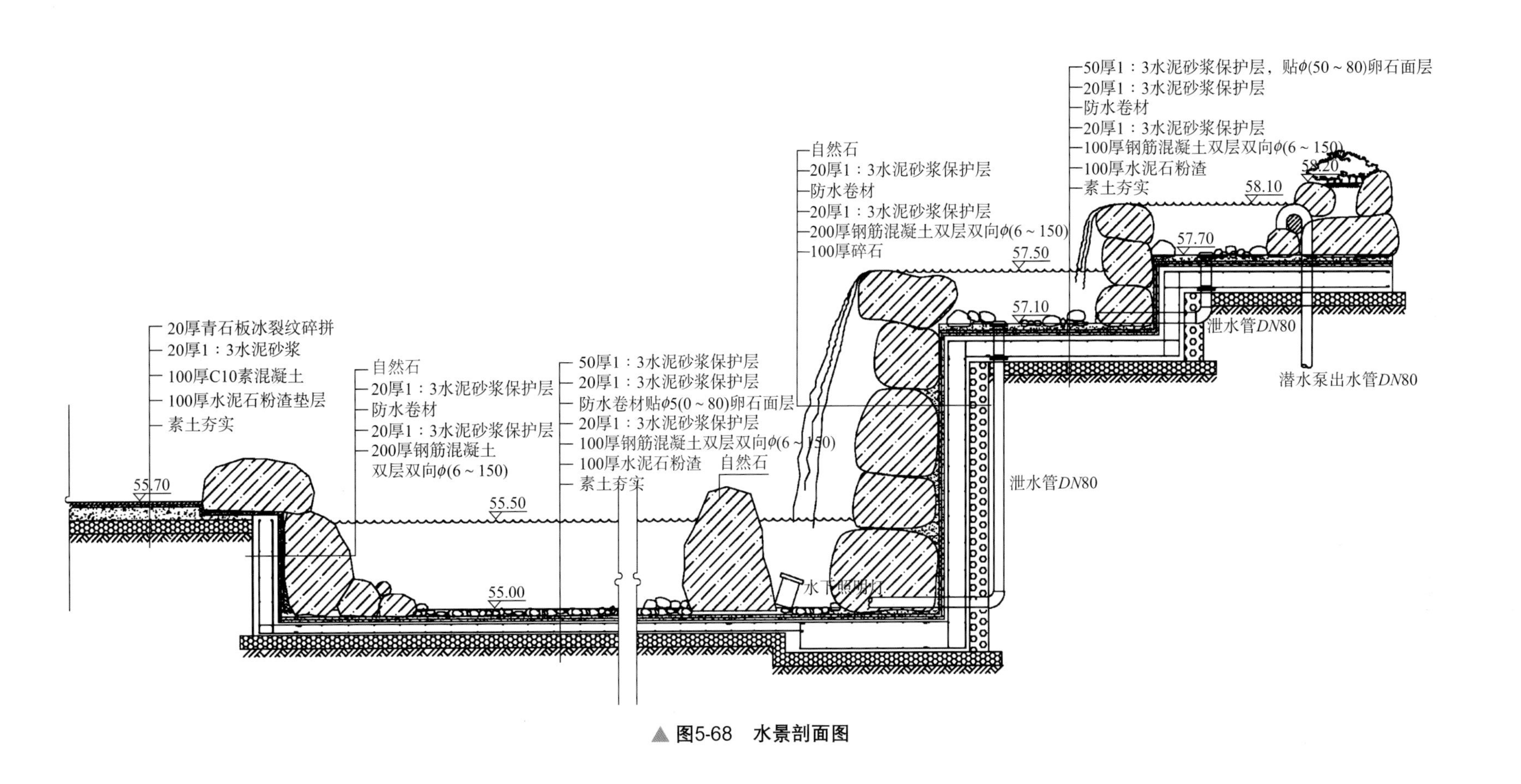

50厚1：3水泥砂浆保护层，贴φ(50～80)卵石面层
20厚1：3水泥砂浆保护层
防水卷材
20厚1：3水泥砂浆保护层
100厚钢筋混凝土双层双向φ(6～150)
100厚水泥石粉渣
素土夯实
58.20
58.10
57.70
潜水泵出水管DN80
泄水管DN80
自然石
20厚1：3水泥砂浆保护层
防水卷材
20厚1：3水泥砂浆保护层
200厚钢筋混凝土双层双向φ(6～150)
100厚碎石
57.50
57.10
泄水管DN80
20厚青石板冰裂纹碎拼
20厚1：3水泥砂浆
100厚C10素混凝土
100厚水泥石粉渣垫层
素土夯实
55.70
自然石
20厚1：3水泥砂浆保护层
防水卷材
20厚1：3水泥砂浆保护层
200厚钢筋混凝土
双层双向φ(6～150)
50厚1：3水泥砂浆保护层
20厚1：3水泥砂浆保护层
防水卷材贴φ5(0～80)卵石面层
20厚1：3水泥砂浆保护层
100厚钢筋混凝土双层双向φ(6～150)
100厚水泥石粉渣
素土夯实
自然石
55.50
55.00
水下照明灯

▲图5-68 水景剖面图

水景手绘表现图中的喷泉、瀑布等，水口处要画得紧实，还应画出喷泉因压力、高差变化和重力作用下，接触水面时激起的水花，或画成水珠状以表达白色水花，白色水花要预留出空白，同时要注意水的厚度表现。

5.2.10 小品立、剖面的绘制与表现

图5-69 ~ 图5-71是各类小品的立面、剖面图例表示。

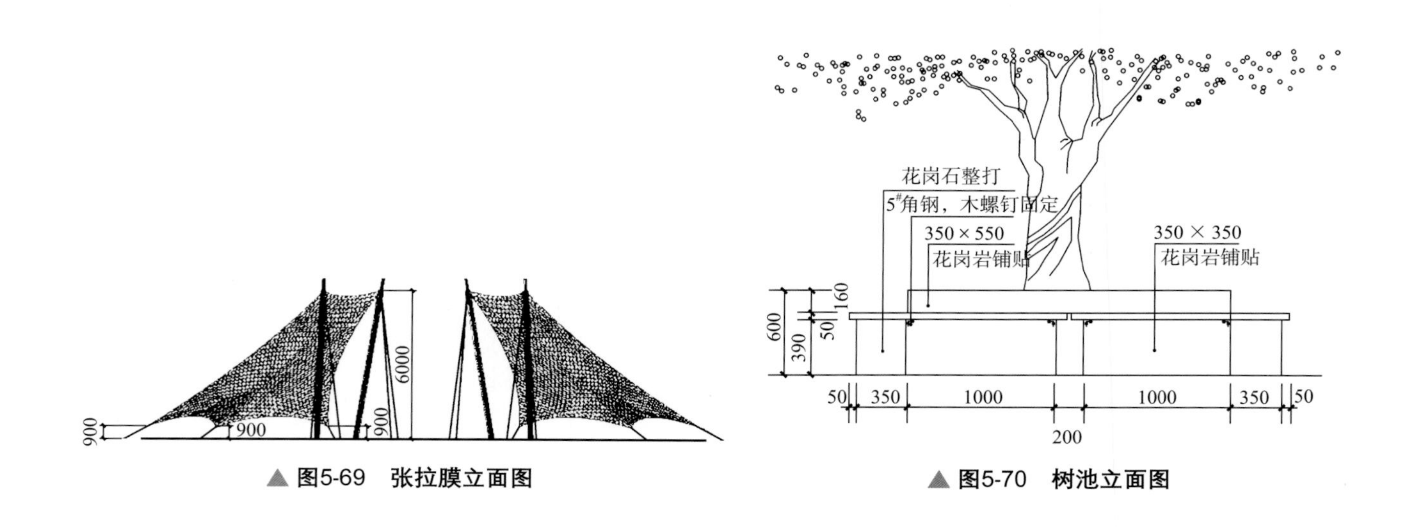

▲ 图5-69 张拉膜立面图

▲ 图5-70 树池立面图

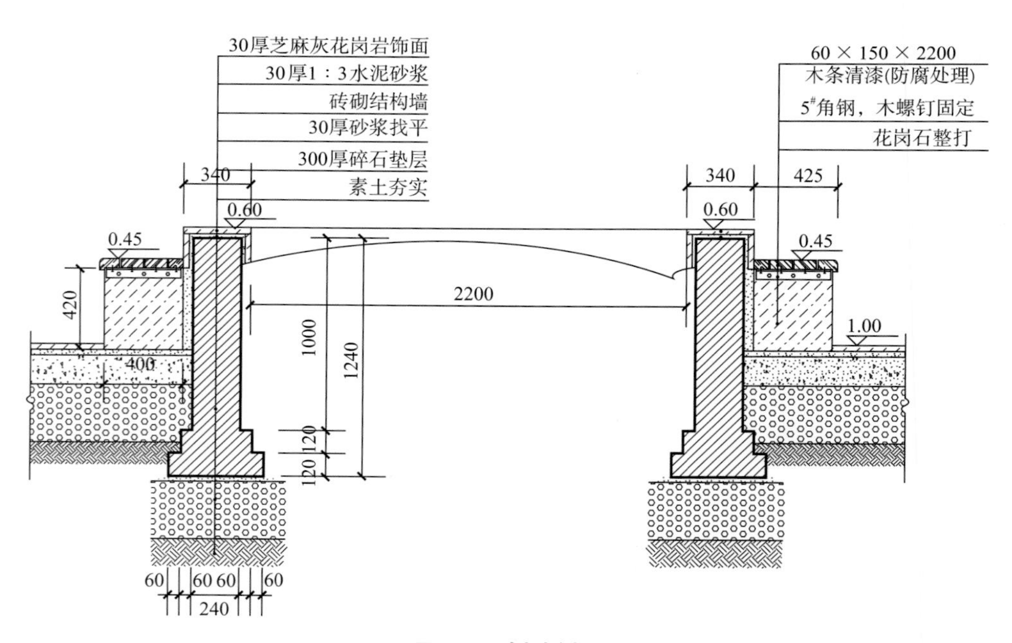

▲ 图5-71 树池剖面图

5.3 透视效果图表现

5.3.1 透视图对景观设计的用途

景观设计透视图是将设计意图，根据平面、立面、剖面图等，通过透视原理将方案转化为具有空间直观感受的图面形式，它能将设计师的方案真实地再现，能直观、逼真地反映设计构思，表现预想中的景观空间、造型、层次、色彩、质感、光影等，常见的透视效果图有局部场景透视图和整体鸟瞰透视图两种，如图5-72、图5-73所示。

▲ 图5-72 局部透视图

透视图不仅可以帮助设计人员根据透视图效果，进一步推敲景观造型的优劣，确定布局是否合理，还可以帮助审查单位或相关部门更直观地领会设计意图，提出修改意见和建议，甚至还可通过形象地展示各部位之间的空间关系，弥补施工图中不容易表达或表达不十分清楚的部分，从而帮助施工单位更好地理解设计人员的意图，更准确地选择用料。

▲ 图5-73 整体鸟瞰图

5.3.2 透视图的形式

（1）一点透视

又称平行透视，是当观察者正对着物体（或者物体的某一个面与画面平行）进行观察时所产生的透视，透视线消失于心点。一点透视表现范围广、纵深感强，视觉感稳定，适合于表现严谨、庄重的景观场景，例如规则式景观园林或者轴线对称的场景等，此画法比较简单，容易学会，但缺点是透视效果没有两点或者三点透视生动，如图5-74所示。

▲ 图5-74 一点透视

（2）两点透视

又称成角透视，当观察者站在与正面成一个角度的位置观察物体时所产生的视角，它能够较真实地反映空间，适合表现自然、不规则的场景，缺点是画法比一点透视更复杂，选择不好易产生变形，如图5-75所示。

▲ 图5-75 两点透视

▲ 图5-76 三点透视

（3）三点透视

当视点过高或过低时，观察物体就出现了三个灭点，即高、宽、深三维尺度都有透视变化，所以一般又称为俯视或仰视图。景观表现图中一般常用俯视图来表现大的场景，也就是鸟瞰图，能够展现相当多的设计内容，便于表现景观环境的整体关系，能够较好地营造出宏伟壮观的效果，具有一般透视图无法比拟的能力。注意在选择视点时都要将视点提高，视点太低会导致透视变形，太高则看不清楚详细情况，如图5-76所示。

（4）网格法

对景观设计来说，用网格法作鸟瞰图比较实用，尤其对不规则图形和曲线形景观作鸟瞰图更为方便，如图5-77、图5-78所示。

绘制鸟瞰图时应注意树木、人物、场景在高度上的对比关系以及色彩对视觉中心的烘托关系。

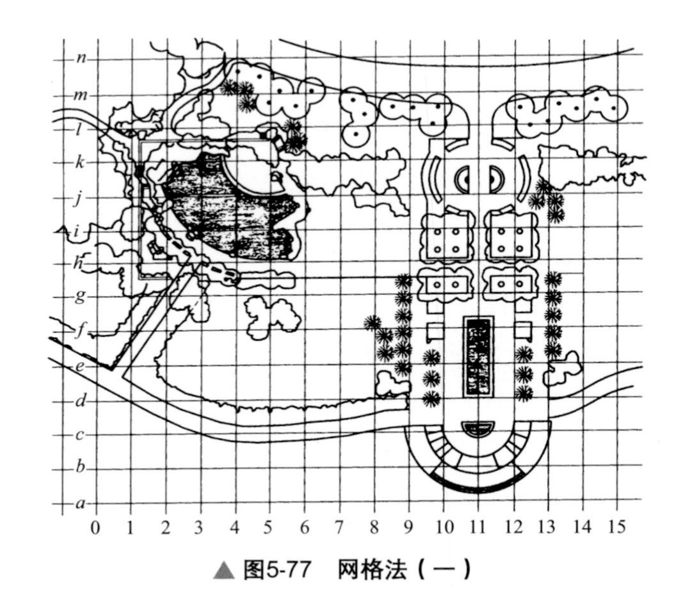

▲ 图5-77 网格法（一）

▲ 图5-78 网格法（二）

5.3.3 景观透视图的表现

① 视点、画面的选择　透视图的最终效果与画面的位置、视点的高低及视距的远近等因素密切相关，其中最关键的因素是视点的位置，关系到所得出的透视图形象是否逼真、生动。

a. 视点的选择。视点的确定首先要考虑站点位置，应当在符合人眼视觉要求的位置上。据测定，当人们观察物体时，视角在30°～40°时视觉效果较好；当视角超过60°时，透视图就会失真，而且视角越大，失真越严重。视角的大小与视点到画面的距离即视距有关。因此，确定适当的视距对透视图形象的生动与否关系极大。

b. 视高的选择。视高不同透视效果也不同。一般视高可按正常人的眼高（1.5～1.8m）来定，但在某些特殊情况下还需考虑景物的总高。若景物较高，可适当提高视高；反之，则适当降低视高，以使得效果图表达得更符合人的视觉习惯，看起来更真实生动。此外，视高还与透视图想表达的特定氛围有关，有时为了夸张景物的高耸雄伟，需要降低视高；有时为了扩大地面的透视效果，则要提高视点高度。景观设计中为了能够展现更多的设计内容和群体特征，常常采用视点较高的鸟瞰图。

c. 画面的构图。根据画面需要安排所要表现的主体景观和环境的位置，主体与环境的安排要有主有次、有虚有实、有开有合、有奇有正（有动有静），通常以主体、环境及前景、中景、背景区分画面大的空间层次关系。不同的景观环境适合于不同的表现方式，要视具体情况而定。

② 透视图表现特点　景观表现是一项艺术与工程相结合的创作，它通过艺术绘画的手段，形象直观地表现景观设计的预测效果。透视表现图一般不需要过多的文字注释或图例说明，主要分为手绘表现和电脑表现两种。

（1）景观的电脑透视图表现

电脑表现追求的是一种写实手法，其直观、详细的视觉效果及真实的比例、色彩、光影和质感等，更能被非专业人士和大众所理解和接受，商业效果更好。但与手绘表现图相比起来，画面会略显生硬，缺乏灵气和生动的艺术表现力。

① 3ds Max

a. 分析图纸。系统地分析CAD图纸，包括各种平面图、立面图和剖面图，明确设计意图。

b. 精确建模。在完全熟读CAD图纸的前提下，进入3ds Max软件进行模型制作。可将CAD平面图导入3ds Max软件，作为底图使用，方便建模时有尺寸参考。导入CAD图之前应先设置好单位和绘图环境，建模时应以CAD图纸所标注的实际尺寸为依据，不宜随意修改尺寸，以避免模型比例失真。先将整体的框架模型（如建筑、道路、广场等）建好，再逐步增建细节模型（如工程设施、水体、各种灯具等），同时根据场景创建摄像机，选择一个合适的透视角度，为后面的渲染做好构图准备。

c. 赋予材质。根据CAD施工图纸中所使用的材料，给场景中的道路、广场、水体等造园要素模型赋予相应的材质，并调节好贴图坐标。

d. 布置灯光。在场景中根据画面所需要营造的氛围，创建主光源、辅助光源以及一些烘托特定气氛的补充光源，并调节灯光的亮度和阴影参数，如图5-79所示。

② VRay渲染

a. 打开渲染面板的VRay标签栏，勾选全局光照明的复选框，启动VRay渲染器。

▲ 图5-79　布置灯光

▲ 图5-80　VRay渲染

b. 设置参数，测试场景中灯光的效果，根据每次测试后的效果，有针对性地改变灯光的强弱、颜色，以及二次反弹的数值，同时需将影响画面质量效果的各参数数值降低，以加快测试速度。

c. 经过反复测试，在确认灯光效果达到要求后，将影响画面质量效果的各参数数值适当加大，此时重新计算光子并设置自动保存光子。

d. 光子计算结束后，调整场景中各种模型的材质（包括材质的颜色、反射、折射、透明度以及模糊反射等）。

e. 材质调整好后，设置出图尺寸，渲染出相应大小的图片（图片格式一般为TGA或TIF），如图5-80所示。

③ Photoshop后期处理

a. 在3ds Max软件中制作通道（以高明度和高纯度的颜色渲染一张后期通道图），利用此通道图调整画面局部或整体的色阶、色彩饱和度以及对比度等；

b. 根据画面需要添加配景元素，如植物、人物、车、水体等，并对其进行色彩、对比度等的调节；

c. 完善画面局部的细节（包括色阶、饱和度、对比度、颜色偏向、模糊特效等）；

d. 合并所有图层，适当进行USM锐化，保存并输出JPG格式图片，如图5-81所示。

◀ 图5-81　Photoshop后期处理

▲ 图5-82 SketchUp设计草图

④ 草图大师SketchUp

a. 创建平面布局。设置好绘图环境，将平面草图导入SketchUp软件中，作为底图使用。

b. 创建起伏的地形。首先创建等高线，接着利用等高线生成地形。

c. 创建建筑、山石、水体、植物等景观元素的三维模型。

d. 应用VRay for SketchUp软件渲染图像。首先设置光源，其次调整光源的角度、参数等。

e. 编辑材质和设置渲染参数面板。最后保存，一般指定文件类型为TGA格式。SketchUp又称草图大师，简便易学，可快速完成设计草图，如图5-82所示。

（2）景观的手绘透视图表现

① 素描表现　即用单一的颜色表现对象的造型、质地及色彩等元素。如图5-83、图5-84所示，铅笔、钢笔是素描表现最基本的方法，用它来表达概念草图时非常方便，通过线条的粗细、疏密、快慢、刚柔、虚实等变化来表达景观，效果简洁直观，钢笔素描对比强烈。对于素描表现来说，最重要的是明暗调子的组织，组织明暗调子的方法是将景物分为近景、中景和远景。最经常出现的组合是暗调子用于前景，明调子用于中景，而中间调子则用于远景。

▲ 图5-83 钢笔技法表现

▲ 图5-84　用铅笔表现的景观效果

② 彩铅表现　现在常用的彩色铅笔是水溶性彩铅，其特点是操作方便，笔触质感很好，易于进行适当修改，不易失误。一般常用的彩铅有12色、24色、48色等各种组合。彩铅表现需根据景观环境的特征进行有规律地组织和排线，方法是由明到暗一层层加深，如果大面积表现时则需要较多的时间，一般可与钢笔和淡水彩结合使用，还可以用水涂色以取得浸润感，或用手指或纸擦抹出柔和的效果，如图5-85所示。

③ 马克笔表现　马克笔是构思草图和快速设计等表现图中最常用的表现方法之一，它又被称为记号笔，有油性和水性两种，油性的适于光滑的纸张表面，水性的适于一般的绘图纸。马克笔种类有上百种，可以根据自己的配色习惯选择不同的笔号。它具有携带方便、快速高效、色彩丰富亮丽、透明度高、着色简便、易于操作和可以进行色彩叠加等优点，但是缺点是不适合营造质感和色彩的变化，所以常与彩铅结合使用以体现其质感，并且对于覆盖不透明颜色效果也不是很好，如图5-86所示。

马克笔的绘图步骤如下。

步骤一：勾出轮廓。用铅笔大致勾勒出多个视点的设计草图，相互比较后从中选择一个能够充分体现设计意图的透视角度，然后放大到纸上。如果把握不准透视关系，可以结合CAD或3D软件画出大致的透视和体块关系，打印出来后再绘出所需表现的景观物体的轮廓并添加细节，接着可以适当补充植物、室外家具、小品、人、车、船等配景，整个轮廓稿画完后可用针管笔或钢笔进行描线收形。针管笔或钢笔稿勾完以后，可以复印几张备份，以免后期因不小心画面没控制好的情况发生，还可进行补救。

步骤二：上色。用马克笔先上大的色块，按先主体后配景、先粗后细、先浅后深的原则进行，画面明暗对比关系尽量比实际拉大一些、夸张一些。注意上色时，为了获得良好的混合效果，并防止水痕的产生，需要求作画者快速表现，并尽量避免覆盖过多层颜色，以免弄脏画面，要控制好用色的“度”。

步骤三：细部刻画。需较好的耐心和经验技巧，控制好画面的前景内容。

▲ 图5-85　彩铅表现

▲ 图5-86　马克笔表现

▲ 图5-87 水彩表现

▲ 图5-88 水粉表现

步骤四：与彩铅结合使用。用彩色铅笔或者其他介质添加深色和细节，彩铅一般用在画面最后，用来调整色块的颜色、渐变与纹理，以及进行高光的修整，从而改变色彩的单调和平淡。

最后，还可将上好色的图扫描进电脑，用Photoshop软件进行后期明暗色调、前景后景的对比、高光等的调整和对图中失误之处进行补救处理。这个步骤需要非常细心，这样才能完成一副优秀的作品。

④ 水彩表现　是一种传统的建筑表现技法，常应用于景观园林的表现图中，它明快、湿润、水色交融、极富感染力，是具有独特艺术魅力的表现手法，但也是较难以掌握的表现手法，需很好的手绘功底。也可以与钢笔结合使用，通常称为钢笔淡彩。

水彩着色的技法要注意先浅后深、由远及近，高光和亮部可预先留出，逐渐分层次地叠加，但叠加的次数不宜过多，叠加超过三遍就会令画面色彩混浊。水彩画分为干画法和湿画法两种。干画法的技法要领在于色块相加时，需在前一色块干透后再加入第二遍颜色；湿画法的技法要领是在画面湿润或半干时，溶入其他的色彩，如图5-87所示。

⑤ 水粉表现　如图5-88所示，水粉表现具有色彩鲜明、饱和、厚实和明快等特点，因水粉颗粒较粗，所以具有一定的覆盖力和附着力，可以进行多次上色，易于修改，但缺点是比较耗费时间。表现中一般采用先暗后明、先深后浅的步骤，与水彩相反。水粉表现技法主要分厚、薄两种画法，实际表现中要注意不同色块的厚与薄、干与湿变化，一般可先薄再厚，远景宜薄，近景可厚；大面积场景可薄涂，局部可厚涂；暗部宜薄，局部亮度高的地方可厚涂。最后，完善设计构思，创造出更加完美的景观设计作品。

单元小结

计算机景观表现方式多种多样，要想把方案做得更加完善并不是一日之功，需要熟练掌握各种绘图软件并在学习和工作中不断练习、摸索和积累经验。

手绘景观表现首先要坚持临摹优秀建筑画与艺术作品，并大量训练速写写生和记忆写生的技能，以解决比例、细部、明暗、虚实等问题，为今后的各类设计打下坚实的基础；其次要多收集优秀资料，品读优秀设计作品，提高对园林景观的审美能力和辨析能力；再次要强化设计意图，所画的任何线条、色彩和笔触等都是围绕设计来实施的，所以要对图纸的可行性进行分析；最后要保持良好的心态，拒绝功利主义，才能设计出优秀的作品。

思考练习

1. 景观设计有哪些表现手段？

2. 平面图、立面图、剖面图各自表现的内容和侧重点是什么？

课题设计实训

在您居住的附近选择一个小公园或较大景观环境的局部区域，对其进行全面分析，并画出：

（1）总平面图；

（2）重点部位的施工详图三张以上；

（3）建筑或设施的效果图两张；

（4）全景鸟瞰图一张。

6 城市广场设计

知识目标

了解城市广场形式类型、形态类型和功能类型以及各类广场的特点

了解并掌握广场构成要素的设计方法

掌握城市广场设计的原则、要求以及设计手法

能力目标

能够对各种广场进行正确判断和准确分析

能够进行各种中小规模广场的初步设计

6.1 广场的含义

广场是指面积广阔的场地，特指城市中的广阔场地。它是城市道路枢纽，是城市中人们进行政治、经济、文化等社会活动或交通活动的空间，通常是大量人流、车流集散的场所。在广场中或其周围一般布置着重要建筑物，往往能集中表现城市的艺术面貌和特点。在城市中广场数量不多，所占面积不大，但它的地位和作用很重要，是城市规划布局的重点之一。

广场文化在体现了城市建筑、文化、人群与活动这些显著特征的同时，也体现了人们对大自然的亲近与回归。然而广场还有景观的需要，平淡无味的场地仍不能称为广场，因此不论广场的形状如何，总要有一个中心。罗马市政广场的雕像、巴黎协和广场的方尖碑和喷泉、威尼斯圣马可广场的钟塔（图6-1）都是形成广场视觉焦点的手段。

广场在进行空间设计时，都有许多相同的限定空间的手段与方法，比如运用改造地形、种植植物、利用建筑形态和空间各界面表皮的质感、色彩等来限定空间。运用以上手段和方法来限定空间，要注意整体空间效果和局部空间趣味的创立，无论通过以哪个方面为主的改造和组合，形成怎样的空间形态，都必须注意其相互之间的协调性、趣味多样性的综合运用。

广场在设计时有许多相同的内容，比如地形地貌的改造和应用、空间形态表现、审美意境和趣味的营造、材质与色彩的运用、绿化设计、灯光设置、环境设施、艺术小品的选用与设置等，都有许多相同的设计方法和原则。但更有不同的地方，这就是环境性质的不同、设计理念的不同和表达理念所需要的方式与方法的不同。在具体设计中通过使用功能和审美功能确定设计理念，充分实现设计理念，将物质功能和精神功能自然地融入理念实施中，更好地为人服务才是最终目的。没有理念指导的环境改造行为不能称之为设计，充

▲ 图6-1 威尼斯圣马可广场

其量只能叫做美化或装饰。

现代城市中，广场作为城市空间艺术处理的精华，往往是城市风貌、文化内涵和景观特色集中体现的场所。

6.2 城市广场的分类

城市广场可以按表现形式、空间形态、功能三个方面进行分类，分别从不同的角度体现其特色。

广场在表现形式设计上，受观念、传统、气候、功能、地形、地势条件等方面的限制与影响。

6.2.1 按表现形式分类

在表现的形式上大致可以分为两大类：一类是规则的几何形广场，一类是不规则的广场。

（1）规则的几何形广场

规则的几何形广场主要选择以方形、圆形、梯形等较规则的地形平面为基础，以规则几何形方式构建广场。其特点是地形比较整齐，有明确的轴线，布局对称。规则几何形广场的中心轴线会有较强的方向感，主要建筑和视觉焦点一般都集中在中心轴线上，设计的主题和目的性比较强。在城市广场的规划设计中，对于具有历史意义、宗教意义、纪念意义的广场大多采取规则型的布局方式。如图6-2所示。

▲ 图6-2　巴黎卢浮宫广场

（2）不规则的广场

这类广场的形状设计一般都不规则，有些是因为地形条件受到限制，有些是因为周围建筑物或历史原因导致发展受阻；还有就是有意识地追求这种表现形式。不规则广场的选址与空间尺度的选择都比规则型的自由，可以广泛设置于道路旁边、湖河水边、建筑前、社区内等具有一定面积的空间场地。不规则广场的布局形式在运用时也相对自由，可以与地形地势充分结合，以实现对不同主题和不同形式美感的追求，如图6-3所示。

6.2.2 按空间形态分类

按广场的空间形态可以分为平面式广场、上升式广场、下沉式广场和立体广场等类型，如图6-4 ~ 图6-7所示。

▲ 图6-3　不规则的广场具有轻松自由的特点

▲ 图6-4　平面式广场地势平坦，适于各种集会

▲ 图6-5　上升式广场视野开阔，有舞台般的效果

▲ 图6-6　下沉式广场有一定私密性

▲ 图6-7　立体广场空间层次丰富

6.2.3　按功能分类

（1）市政广场

市政广场一般位于城市中心位置，通常是市政府、城市行政区中心、老行政区中心和旧行政厅所在地。它往往布置在城市主轴线上，形成一个城市的象征。在市政广场上，常有该城市的重要建筑物或大型雕塑等。

市政广场应具有良好的可达性和流通性，故车流量较大。为了合理有效地解决好人流、车流问题，有时甚至用立体交通方式，如地面层安排步行区，地下安排车行、停车等，实现人车分流。

市政广场一般面积较大，为了让大量的人群在广场上有自由活动和节日庆典的空间，一般多以硬质材料铺装为主，如北京天安门广场、莫斯科红场等。也有以软质材料绿化为主的，如美国华盛顿市中心广场，其整个广场如同一个大型公园，配以坐凳等小品，把人引入绿化环境中去休闲、游赏。

市政广场布局形式一般较为规则，甚至是中轴对称的。标志性建筑物常位于轴线上，其他建筑及小品对称或对应布局，广场中一般不安排娱乐性、商业性很强的设施和建筑，以加强广场稳重严整的气氛，如图6-8所示。

▲ 图6-8　市政广场

（2）休闲娱乐广场

休闲娱乐广场是供市民休息、娱乐、游玩、交流等活动的重要场所，其位置常常选择在人口较密集的地方，以方便市民使用，如街道旁、市中心区、商业区甚至居住区内。休闲娱乐广场的布局不像市政广场和纪念性广场那样严肃，往往灵活多变，空间多样自由，但一般与环境结合很紧密。广场的规模可大可小，无一定限定。休闲广场是以集体休闲娱乐、运动健身、餐饮及文艺观赏为一体的综合性广场，是与百姓生活紧密相关的活动场所。由于其性质是以休闲为主要目的，所以设计上无论哪一个环节，都要最大可能地体现轻松自然的景象。任何细节都要遵循和体现“以人为本”的设计原则。广场中各种服务设施的设置既要功能齐全完善，又要舒适美观，如厕所、电话亭、饮水器、餐饮及售货亭、交通指示、坐具、健身器材等，都要体现以人为本的设计思想。

由于是休闲广场，在设计时可以根据具体的地形和周边环境，运用多种形式的表现方法，也可以部分或完全改造地形，比如制造地形的高低落差，利用绿化、喷泉水景、雕塑或其他建筑和景观小品等，制造上升或下沉的空间效果；在地面铺装上利用材料的色彩和肌理变化，对各个空间界面进行组合和分隔限定。可以在较大空间环境氛围下，设计组织小型的独立或组合式的、有趣味的局部空间形态，来满足不同年龄段和不同审美趣味的游人对空间内容和形态的不同要求 。

休闲娱乐广场以让人轻松愉快为目的，因此广场尺度、空间形态、环境小品、绿化、休闲设施等都应符合人的行为规律和人体尺度要求，如图6-9所示。就广场整体主题而言是不确定的，甚至没有明确的主题，而每个小空间环境的主题、功能是明确的，每个小空间的联系是方便的。总之，以舒适方便为目的，让人乐在其中。

▲ 图6-9　此休闲娱乐广场中有儿童娱乐设施、休息凉亭、凉亭后的羽毛球场，还有健身步道等不同区域，满足不同人群的需要

（3）商业广场

商业功能可以说是城市广场最古老的功能，商业广场也是城市广场最古老的类型。商业广场的空间形态和规划布局没有固定的模式可言，它总是根据城市道路、人流、物流、建筑环境等因素进行设计的，可谓“有法无式”“随形就势”。但是商业广场必须与其环境相融、功能相符、交通组织合理，同时商业广场应充分考虑人们购物休闲的需求。例如交往空间的创造、休息设施的安排和适当的绿化等。

商业广场是指设置于商务贸易区的广场，如商场、超市、酒店等较为大型的商业贸易性建筑前的广场。它是便于人们集中购物、餐饮、休闲，进行商品交流、商业宣传等为主要功能的场地，同时也起着疏导人群的作用。商业广场的性质决定了其设计要充分体现商业因素，要营造繁华、商业的景象和氛围。灯光表现是商业广场体现夜间景观氛围的关键，运用照明营造商业氛围时，要考虑商业广场街景与夜景的空间层次感和趣味性营造。在景观小品和服务设施的设置上，尽可能将完善的功能融入趣味表现之中。根据不同的地形和特点，运用植物花草、雕塑、水景等营造整体空间形态，充分体现城市的商业文化。随着城市的不断繁荣，特别是人与车辆的不断增长，组织良好的交通线路和秩序，是商业广场设计首先考虑和必须解决的问题，商业广场要有良好的交通疏导功能。

商业广场是为商业活动提供综合服务的功能场所。传统的商业广场一般位于城市商业街内，或者是商业中心区，而如今的商业广场通常与城市商业步行系统相融合，有时是商业中心的核心，如图6-10所示。

此外，还有集市性的露天商业广场，这类商业广场的功能分区是很重要的，一般将同类商品的摊位、摊点相对集中布置在一个功能区内。

▲ 图6-10　太原万达广场商业中心

（4）交通广场

交通广场主要目的是有效地组织城市交通，包括人流、车流等，是城市交通体系中的有机组成部分。通常分两类：一类是城市内外交通会合处，主要起交通转换作用，如火车站、长途汽车站前广场（即站前交通广场）；另一类是城市干道交叉口处交通广场（即环岛交通广场）。如图6-11所示。

交通广场是城市交通系统的重要组成部分，主要以聚集、疏散和引导交通流量，转换交通方式为主要功能。常见的交通广场有环形交叉广场、立体交叉广场、桥头广场等。在设计交通广场时，首先要考虑它特有的实用功能，围绕着功用来研究其表现形式，充分利用交通广场的特点，尽可能减少广场上车辆之间、车辆与行人之间的相互干扰，营造生态美观的空间环境。广场应配置相应的环境设施，如坐具、餐厅、小卖部、书报零售处、银行自动取款机等设施，以方便人们在出行过程中享受便利的服务。

站前交通广场是城市对外交通或者城市区域间交通转换地，广场的规模与转换交通量有关，包括机动车、非机动车、人流量等，广场要有足够的行车面积、停车面积和行人场地。对外交通的站前交通广场往往是一个城市的入口，其位置一般比较重要，很可能是一个城市或城市区域的轴线端点，所以常常是城市景观的重要载体。广场的空间形态应与周围建筑环境相协调，体现城市风貌，使过往旅客使用舒适，印象深刻。

环岛交通广场地处道路交汇处，尤其是四条以上的道路交汇处，以圆形居多，三条道路交汇处常常呈三角形（顶端抹角）。环岛交通广场的位置重要，通常处于城市的轴线上，是城市景观、城市风貌的重要组成部分，形成城市道路的对景、端景之处。一般以绿化为主，应有利于交通组织和司乘人员的动态观赏，同时广场上往往还设有城市标志性建筑或小品（喷泉、雕塑等）。西安市的钟楼、巴黎的凯旋门（图6-12）都是环岛交通广场上的重要标志性建筑。

（5）纪念性广场

城市纪念性广场题材非常广泛，涉及面很广，可以是纪念人物，也可以是纪念事件。通常广场中心或轴线以纪念雕塑（或雕像）、纪念碑（或柱）、纪念建筑或其他形式纪念物为标志，主体标志物应位于整体广场构图的中心位置。

▲ 图6-11　交通广场

▲ 图6-12　交通广场——巴黎凯旋门

▲ 图6-13　纪念性广场——汉武帝和他的文臣武将（山西广武汉墓群广场）

纪念性广场的大小没有严格限制，只要能达到纪念效果即可。因为通常要容纳众人举行缅怀纪念活动，所以应考虑广场中具有相对完整的硬质铺装地，而且与主要纪念标志物（或纪念对象）保持良好视线或轴线关系，如图6-13所示。

纪念性广场一般是以城市的政治、文化或在社会变迁中有重大影响的人物或事件为建造主题，突出其纪念意义，是城市举行重要庆典的主要活动场所。纪念性广场一般以历史文化遗迹、纪念性建筑或建立纪念物、纪念碑、纪念馆、雕塑等为主要形式来表现，供人们缅怀、纪念历史事件或人物，具有较强的纪念和教育意义。有些纪念性广场还具有强烈的象征意义。如俄罗斯莫斯科的红场等，这类著名的纪念性广场，在某些方面已成为城市乃至国家的象征。纪念性广场的性质决定了在设计上要以庄严、幽静为表现前提，在表现形式、材质、质感等方面要与主题协调一致，以体现其以纪念为表现主题的意义。

纪念性广场的选址应远离商业区、娱乐区等，以免对广场造成干扰，突出严肃、深刻的文化内涵和纪念主题。宁静和谐的环境气氛使广场的纪念效果大大增强。由于纪念广场一般保存时间很长，所以纪念性广场的选址和设计都应紧密结合城市总体规划统一考虑。

（6）宗教广场

一般宗教建筑群内部皆设有该教活动和表现该教之意的内部广场。而在宗教建筑群外部，尤其是入口处一般都设置了供信徒和游客集散、交流、休息的广场空间，同时也是城市开放空间的一个组合部分。其规划设计首先应结合城市景观环境整体布局，不应喧宾夺主地重点表现。宗教广场设计应该以满足宗教活动为主，尤其要表现出宗教文化氛围和宗教建筑美，通常有明显的轴线关系，景物也是对称（或对应）布局，广场上的小品以宗教相关的饰物为主，如图6-14所示。

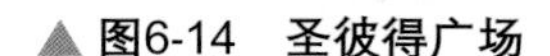

▲ 图6-14　圣彼得广场

▲ 图6-15　青岛五四广场

▲ 图6-16　广场上的雕塑景观体现出文化气息

（7）文化广场

文化广场的主要功能，一是为市民的户外活动提供活动空间，二是要体现城市的文化传统、地域和民俗特点等。将城市的自然特色、人文特点等具有代表性的特征融入设计之中，创造具有地方特色和鲜明个性的广场形象。由于文化广场的建设要求具有代表性，所以选址一般都选在能体现城市政治、经济、文化或商业发展规模的中心地段，占地面积和建设规模也都相对比较大，以满足能从事集会、庆典、表演等聚集活动的空间要求。对环境设施和景观小品的设计也要求具有鲜明的城市文化特征，在细节处理上要体现其文化的独特性和创造性。如图6-15、图6-16所示。

6.3 城市广场设计

6.3.1　设计内容

在城市总体规划中，要根据组织各种公共活动的需要，对广场的数量、性质、面积、分布和布局等从整体上作出安排。城市广场是一个由自然的和人工的环境所围成的三度空间。根据它的空间比例、围合程度，又可分为封闭的、半封闭的和开敞的几种形式。在布局手法上，可分为规则的、自然的或两者混合的几种手法。广场的艺术布局，包括它的尺度、构图手法等，随着时代的前进、技术的进步和观念形态的改变而不断有所发展。广场规划设计要运用视觉艺术规律和各种艺术的、技术的手段，把绿化地带、建筑群、雕塑、喷泉、建筑小品和人工照明、音响等有机地结合起来，创造出富有魅力的艺术空间。

（1）地形设计

地形地势的不同变化，不仅对广场设计的表现内容和形式有决定性影响，对广场的功能布局、人行路线组织、绿化设计等也有很大的影响。人们把广场的地形进行综合概括，分为平面式和立体式两种。平面式广场是指地形没有高低落差变化或变化很少的，广场处于同一个平面空间内。立体式广场则是指可以跨越不同平面空间的广场，很多交通枢纽都是通过立体式的表现方式，使处于不同水平空间的场地通过交通站台得以连接。设计中应根据不同的地形变化，突出设计主题，使其更有艺术趣味，如图6-17所示。

在组织交通线路时，会遇到台阶和坡道等情况。这两种情况一是由于地形高差原因造成的，二是为解决地面高差给行人带来的不便而普遍使用的基本方法。台阶设计踏步的踢面和踏面要符合人体工程学原理，对一些升降比较陡峭的地形，可以灵活掌握，适当增加踢面高度，减少踏面宽度等。反之，在一些缓坡地段，可以适当增加踏面尺度，减少踢面高度。坡道设计要重点考虑坡度，坡度不合理容易使人感到疲惫。对于盲道设计，能否使车辆和残疾人用的轮椅通过是至关重要的问题，雨雪天的使用情况也必须综合考虑。在具体设计中，地形设计要根据场地的性质、功能需求、主题要求和其他一些具体情况分别对待。

（2）空间组织与布局方式

空间组织是一种综合性的艺术活动，在景观设计中是指形态之间依据设计理念，利用形体和材质在空间状态中展开或组合而形成的空间形象，要求具有趣味性和艺术性。在广场与场地的设计中，空间布局和空间组织方式是关系到设计成败的关键问题。在布局与空间组织上有开放式空间、半开放式空间、封闭式空间及综合运用等主要表现方法。在具体运用时要重点突出主要空间的使用功能，使整体空间与局部空间统一有序。每个局部空间都是整体空间不可或缺的组成部分，既要考虑各个功能空间独立的结构、形态、材质、色彩、节奏等在美感方面的应用，又要综合考虑各功能空间之间相互协调组成的整体空间美感。各空间之间既相对独立，又相互联系，对地形导致的形态变化与高低落差要巧妙地利用。无论采用多少不同形式的空间组合方式，最终的空间组织要突出主题、协调有序，同时还要与周边环境有关联的各种因素进行综合考虑。如图6-18所示。

（3）绿化设计

绿化在任何环境设计中都是非常重要的内容之一。广场设计也不例外，对于广场绿化设计来讲，由于广场性质有所不同，绿化设计也应有相应的变化或相对独立的特点来适应主题，不能千篇一律、形式单一，或随意种植，凌乱无序。绿化设计可以使环境空间具有尺度感、空间感，增添空间层次和趣味

▲ 图6-17　地形的变化丰富了广场的空间层次

▲ 图6-18　广场的轴线布局

感。经过养护修剪的树木，可以形成不同形态、不同空间层次、不同空间内涵的趣味空间，作为点景元素，起到美化和装饰广场的作用。自然生长的树木，其外观形态有轻松宜人的自然状态，可以让人产生无限的遐想或宁静的心态。植物具有千变万化的色彩和质感，可以满足人的视觉美感和增添想象，植物的枝、叶、花、形通过不同植物品种的组合，产生的色彩变化，可以给广场带来色彩斑斓和不同季相的景观效果。绿植还可以遮阳、隔音、降尘、遮挡视线，有引导和示意的作用。植物本身还有吸收二氧化碳、释放新鲜氧气的功能，可以改变空间小气候。

具体的绿化手法和植物品种选择，要根据地域条件、文化背景、广场的性质、功能、规模及植物养护的成本和周边环境进行综合考虑，综合表现主题，运用美学原理进行绿化设计。对植物品种要进行科学合理的选择，对植物品种的性能、特点、花期的长短要有充分的了解，同时对种植的环境要从性质上相适应。比如交通广场应考虑选择种植具有地方特色的植物，植物不宜太花，树木也不宜太高大，以免扰乱和阻碍视线；纪念性广场的绿化要求能够很好地衬托出纪念物，树种选择也应以象征性较强的植物为首选，植物的形态也应修剪得具有象征意义；休闲广场种植植物主要是供人们在林荫下休闲娱乐等，应选择树身高、遮阳面积大和形态自然的树木，应以满足人们的休闲需要为主，既满足功能要求，又能赏心悦目、调节视觉。在考虑广场的功能空间划分时，对绿化中的游人路线要形成多层次、观赏性强的视觉效果。广场与道路相邻处可用树木、灌木、花坛等进行分隔，以减少噪声干扰，保持空间的相对独立性和舒适性。如图6-19所示。

立体绿化方式，是近年来常用的绿化设计手段，这种方法不仅扩大了绿化面积，还能借此划分出多层次的空间领域，以满足多样化的功能需求和空间层次多样化的视觉享受。

▲ 图6-19 广场的绿化设计

（4）广场小品

广场中的小品设计，应充分挖掘城市的历史、文化，寻找有人文典故的内容进行艺术加工，使它能够起到强化空间环境文化内涵的作用，使人们在观赏过程中有文化方面的交流，接受文化熏陶。

广场小品主要指独立的小型艺术品，如雕塑、水景、喷泉、建筑小品等。现在一些城市环境设施也被设计加工成广场艺术小品，比如灯具、坐具、电话亭等，它们是广场设计中的活跃元素，作为广场设计的有机组成部分，小品在广场设计中起着活跃广场空间、增添空间趣味的作用。广场小品设计得好与不好，都体现出设计者在物质和精神两个层面上对人的关怀程度。广场小品的材质、色彩、质感、造型、尺度等运用首先要符合人体工学原理，设计表现上要有统一性，广场小品兼具使用功能和审美功能。满足人们使用功能的设施，如座椅、凉亭、电话亭、体育锻炼器材、照明灯具、垃圾箱、公厕、时钟等；满足人们审美需求的广场小品，如假山、雕塑、花坛、喷泉、瀑布等。在设计上要充分体现出以人为本的设计理念。如图6-20～图6-22所示。

▲ 图6-20　广场小品（特拉法加广场）

▲ 图6-21　广场建筑小品

6.3.2　广场设计要点

① 体现文化内涵　广场环境设计应赋予广场丰富的文化内涵。广场的环境应与所在城市所处的地理位置及周边的环境、街道、建筑物等相互协调，共同构成城市的活动中心。设计时要考虑到广场所处城市的历史、文化特色与价值，注重设计的文化内涵，将不同文化环境的独特差异和特殊需要加以深刻领悟和理解，设计出能体现该城市地域文化特色的广场。

▲ 图6-22　广场中的建筑小品与水景组合，形成视觉焦点

② 丰富广场的空间类型和结构层次，与周围整体环境在空间比例上协调统一　城市文化广场的结构一般都为开敞式的，组织广场环境的重要元素就是其周围的建筑，结合广场规划性质，保护历史建筑，运用合理适当的处理方法，将周围建筑很好地融入广场环境中。广场空间的类型和层次可看作是广场环境系统的空间结构，丰富空间的层次和类型是对系统结构的完善，将有助于解决广场使用多样性的需求。丰富空间的结构层次，利用尺度、围合程度、地面质地等手法在广场整体中划分出主与从、公共与相对私密等不同的空间领域。人的行为表明人在空间中倾向于寻找可依靠的边界，即“边界效应”。因此，在空间边界的设计中，应丰富其类型，提高人们选择的可能性，从而满足多样性的需求。

▲ 图6-23　城市广场

③ 广场与周围建筑环境和交通组织协调统一　城市广场的人流、车流集散及其交通组织是保证其环境质量不受外界干扰的重要因素。在城市交通与广场的交通组织上，要保证城市各区域到广场的方便性。

在广场内部的交通组织上，考虑到人们参观、浏览、交往及休闲娱乐等为主要内容，结合广场的性质，很好地组织人流车流，形成良好的内部交通组织，使人们在不受干扰的情况下，拥有欣赏文化广场的场所及交往机会。

④ 提高广场的可识别性　可识别性是易辨性和易明性的总和。标志物本身就是为了提高广场的可识别性。因此，可识别性要求事物的独特性，针对城市广场来说，其可识别性将增强其存在的合理性和价值。如图6-23所示。

6.3.3　广场设计的原则和要求

城市广场已经不再是一个简单的空间围合、视觉美感的问题，它作为城市有机体组织中不可缺少的一部分，城市广场的规划建设在规划学和建筑学知识的基础上，必须综合城市设计学、生态学、环境心理学、行为科学等成果，并充分考虑设计的时空有效性和将来的维护管理等要求。

（1）广场设计基本原则

① 整体性原则　包括功能整体和环境整体两方面。前者指广场应有其相对明确的功能和主题，并辅之相配合的次要功能，做到主次分明、特色突出。后者则主要考虑如何协调广场环境的历史文化内涵、时空连续性、整体与局部、周边建筑等因素的相互衔接和变化。

② 尺度适配性原则　根据不同广场的使用功能和主题要求，赋予广场合适的规模和尺度。

③ 生态性原则　广场是整体城市开放空间体系中的一部分，与城市整体的生态环境联系紧密。一方面，其规划的绿地、花草树木应与当地特定生态条件和景观生态特点相吻合；另一方面，广场设计要充分考虑本身的生态合理性，如阳光、植物、风向和水面等，趋利避害。

④ 多样性原则　城市广场在满足整体性的前提下，应以多样化的空间形态包容多样化的城市生活。使其既反映作为群体的人的需要，也综合兼顾个别人群的使用要求，同时服务于广场的设施和建筑功能也应多样化，将纪念性、艺术性、娱乐性、休闲性等融于一体。

⑤ 步行性原则　步行空间的创造是城市广场共享性和良好环境形成的前提。广场空间和各种要素的组织应支持人的行动，保证广场活动与周边建筑及城市设施使用的连续性。

（2）广场设计的基本要求

应按照城市总体规划确定的性质、功能和用地范围，结合交通特征、地形、自然环境等进行广场设计，并处理好与毗连道路及主要建筑物出入口的衔接，以及和四周建筑物的协调，注意广场的艺术风貌。如图6-24所示。

广场应有足够的开放空间，按照人流、车流分离的原则布置分隔、导流等设施，并采用交通标志与标线指示行车方向、停车场地、步行活动区等。各种类型的广场应综合自身的特点进行设计，具体要求如下所述。

① 交通广场　包括桥头广场、环形交通广场等，应处理好广场与所衔接道路的交通，合理确定交通组织方式和广场平面布置，减少不同流向人车的相互干扰，必要时设人行天桥或人行地道。

② 集散广场　应根据高峰时间人流和车辆的多少、公共建筑物主要出入口的位置，结合地形，合理布置车辆与人群的进出通道、停车场地、步行活动地带等。大型体育馆（场）、展览馆、博物馆、公园及大型影剧院前的集散广场应结合周围道路进出口，采取适当措施引导车辆、行人集散。

③ 站前广场　飞机场、港口码头、铁路车站、长途汽车站等站前广场应与市内公共汽车、电车、地下铁道的站点布置统一规划，组织交通，使人流、客货运车流的通路分开，行人活动区与车辆通行区分开，离站、到站的车流分开。必要时，设人行天桥或人行地道。

④ 公共活动广场　主要供居民文化休息活动，有集会功能时，应按集会的人数计算需用场地，并对大量人流迅速集散的交通组织以及与其相适应的各类车辆停放场地进行合理布置和设计。

▲ 图6-24　巴黎卢浮宫广场

⑤ 纪念性广场　应以纪念性建筑物为主体，结合地形布置绿化与供瞻仰、游览活动的铺装场地。为保持环境安静，应另辟停车场地，避免导入车流。

⑥ 商业广场　应以人行活动为主，合理布置商业贸易建筑、人流活动区。广场的人流进出口应与周围公共交通站协调，合理解决人流与车流的干扰。

6.3.4　广场空间设计

（1）广场的空间环境

广场的空间环境包括形体环境和社会环境两方面。形体环境包括建筑、道路、场地、树木、座椅等元素所形成的物质环境；社会环境包括各类社会生活活动所构成的环境，人的心理感应及产生的行为活动，如欣赏、嬉戏、交往、购买、聚会等。形体环境为社会生活提供了场所，对社会生活行为起到容纳、促进或限制、阻碍作用，两者如能相适应，即形体环境能满足人的生理、心理需要，就会获得成功，否则反之。所以设计应明了两者间的内在联系与矛盾，寻求改善其形体环境的目标与途径，以创造出适合时代要求的广场空间。

从形体环境说，目前最理想的广场应该是：周围建筑物明显地把广场划分出来，尺度宜人，广场是朝南的，有足够的座位和人行活动的铺装，喷泉、树木、小商店、凉亭和露天茶座等设备齐全等。广场利用率和效果的好坏，常以广场的座位、朝向、种植、交通可达性和零售设施的基本数量等来衡量。

（2）广场的尺度

① 广场的大小　各种广场的大小应与其性质功能相适应，并与周围的建筑高度相称。一个能满足人们美感要求的广场，应是既足够大到能引起开阔感，同时也足够小到能取得封闭感的空间。若广场过大，与周围建筑界面不发生关系，就难以形成一个有形的、可感觉的空间而导致失败。越大给人的印象越模糊，大而空、散、乱的广场是吸引力不足的主要原因，对这种广场应该采取措施来缩小其空间感。如天安门广场，周围建筑高度均在30～40m之间，广场宽度为500m，宽高比约为12：1，使人感到空旷，但由于广场中布置了人民英雄纪念碑、纪念堂、旗杆、花坛、林带等构图元素以划分空间，避免了广场过大的感觉。

② 广场的形态　广场在城市中由于面状空间形态所产生的向心性、开放聚集空间的特性，决定了广场应有很好的方向积聚性。而长条状广场由于其自身的几何形态构图和视距的原因，将减少广场上的中心力的产生。为防止产生条状广场，美国有的城市规定：城市广场的长宽比不得大于3：1，而且至少有70%以上的广场总面积应坐落在一个主要的地盘内，并不得少于70m^2，以避免使广场面积零碎。另外，街坊内部广场，不小于12m，以便使阳光能照射在地坪上，让人们感到舒适。这些因素都值得在设计中参考。广场设计相关指标与案例见表6-1、表6-2。

表6-1　广场相关设计指标

平均面积	140m×60m	亲切距离	12m
视距与楼高的比值	1.5～2.5	良好距离	24m
视距与楼高构成的视角	1.8°～2.7°	最大尺度	140m

表6-2 中外城市广场面积参考

广场名称	面积/hm^2	广场名称	面积/hm^2
普列舍伦广场	0.35	太原五一广场	6.3
威尼斯圣马可广场	1.28	天津海河文化广场	1.6
巴黎协和广场	4.28	南昌八一广场	5.0
莫斯科红场	5.0	郑州二七广场	4.0
大同红旗广场	2.9	北京天安门广场	44.0

（3）广场周围建筑物的安排

① 广场周围建筑物的布置方式

a. 四周被建筑物包围的封闭式广场；

b. 四周不排满建筑的半封闭式广场；

c. 大型公共建筑前的广场；

d. 以花园和公园为主体的广场。

注意：广场一般需要封闭，但从现代生活要求来看，广场周围的建筑布置若过于封闭隔绝，会降低其使用效率，同时在视觉上效果也不佳。

② 广场周围建筑物的性质安排　广场周围建筑物的性质，常影响到广场的性质和氛围；反之，广场的性质和气氛要求也就决定了其周围应安排的建筑物的性质。如在交通广场周围，不应布置大型商店或大型公共建筑；在购物、游憩广场周围不宜布置行政办公楼建筑等。

（4）广场的环境设施

调查表明，根据广场的大小、性质，可允许设置1/3以上面积的绿化、建筑小品等设施。它们对广场的造型影响很大，应特别重视广场中的座位、铺砌地面和零售设施的布置和设计。如图6-25、图6-26所示。

① 椅凳　一个广场的利用率与广场的座位数量多少成比例。观察数据要求每2.8m^{2}的广场面积，宜提供0.3m长的座位，其中以宽阔的条凳最为合适，而且最好有50%的是能够移动的。广场内的矮坎、挡土墙、台阶等都可以作坐憩之用，但一般不计算到所需要座位的总数中去。

▲ 图6-25　椅凳、垃圾桶是广场不可或缺的设施

▲ 图6-26　居住区广场张拉膜凉亭、座椅、木质铺地及绿化为居民提供了一个舒适的休闲环境

② 铺砌面　可采用石板、石块、面砖、混凝土块等镶嵌拼装成各种图纹花样，以提高广场空间的表现力。

③ 建筑小品及绿化、水体等　均是广场构图的重要内容，可利用它们来表达广场的意象及空间特征。

④ 零售设施　除广场周围建筑中设有一定数量的零售商店、银行、旅行社等铺面外，在广场内也可以设置一定数量的商业亭等，出售食品、杂志和书刊等。

▲ 图6-27　广场出入口设计

（5）广场空间设计要点

① 出入口设计要点　广场周围的主要建筑物和主要出入口，是空间设计的重点和吸引点，处理得当，可以为广场增添不少光彩，如图6-27所示。

▲ 图6-28　在广场中轴线上设置的浑天仪和山石造型突出了地质博物馆主题

② 广场中心设计要点　应突出广场的视觉中心，特别是大的广场空间。假如没有视觉焦点或心理中心，会使人感觉虚空乏味，所以一般在公共广场中常利用雕塑、水池、大树、钟塔、露天表演台、纪念柱等的布置形成视觉中心，并构成轴线焦点，使整个广场有强而稳定的情感脉络，使人潮聚向中心，产生无法抗拒的吸引力。例如，长方形广场，中心可以在端部主要建筑物前设置，也可以在广场中心设置雕塑、喷泉或其他构筑物，形成焦点，这种布置也适用于其他规则的几何形体的广场；L形或不规则广场，中心多设在拐角处或场地的形心处，形成焦点。有地形高差的广场，可在各种地形的变换点附近设置中心，形成焦点，如图6-28所示。

6.4 城市广场设计案例

6.4.1　项目概况

① 项目名称　辽阳市西关“城市绿洲”广场规划。

② 项目性质　商业区交通枢纽地带中心广场的景观规划设计。

③ 项目位置　本项目基地位于辽阳市第二医院与西关商业区专用路之间的区域，属于辽阳市商业区的中心繁华地带，是经由辽阳市商业中心必经的交通枢纽，占地约0.97公顷。

6.4.2　规划设计背景

辽阳市位于辽宁省辽东半岛城市群中部，是新兴的现代石化、轻纺工业基地，也是一座有着2400多年历史的文化古城。

该规划区域为三条主干道围合的开阔空间，位于辽阳市白塔区的民主路、西大街、新运大街的交汇处，地处繁华地带，是重要的商业区和交通枢纽，所处位置体现了现代城市建设的风貌。

6.4.3 设计指导思想与原则

（1）设计理念

城市的中心广场是展现城市物质与精神文明的主要窗口。西关“城市绿洲”广场通过景观设计为市民提供一个集休闲、娱乐、健身功能为一体的开放式空间，展现古城的现代风貌。该设计方案充分体现“城市绿洲”的设计主题，着重考虑广场的观景、休闲功能，利用植物的生态与景观上的主要功能，空间由硬质铺装空间（主空间）和植物软质景观空间（次空间）构成，将两者有机的结合，塑造出富有生机和活力的城市绿色活动空间，使人们真正能体会到亲切、自然与和谐。

（2）设计手法

西关“城市绿洲”广场景观设计是围绕着中心的半环形的廊（命名为半满廊）和音乐喷泉而展开设计的。

整个广场根据所处位置的不同，分成三个区域：东部、西部、中部。由东、西、中三个区域的景观有机结合联系起整个西关广场，形成各个区域之间对景、借景、衬景的园林景观艺术效果。

根据使用功能和使用对象的不同，西关广场共分为：自然生态区、广场入口区、景观核心区、文化景观区四大区。根据各区域的性质不同，每个区域分别承担着不同的任务和功能。合理地将广场的功能进行最大化的利用与开发，使人们身在其中得到放松和休憩的满足。

6.4.4 总体构思

西关“城市绿洲”广场在使用功能、观赏功能及景观质量设计中的总体构思和布局分为以下几方面。

① 在设计中充分结合环境，结合现代人的审美情趣和使用功能要求，运用现代环境艺术设计手法，创造一种开朗明丽、恬静自然的新世纪高品位的广场绿化景观。

② 充分突出其观赏性和使用功能，给从此地经过的人们在视觉上产生强大冲击，给他们留下美好的印象；让在此地路过、赏景的人们流连忘返。

③ 广场内植物配置上选择落叶和常绿树木相结合，观花、观果、观叶树木兼顾，创造“季季有变化，四季色不同”的景观效果。

④ 在总体设计中，适当面积地进行绿化，提高其观赏性；绿地内硬化地面，为人们提供休闲的空间；园林小品控制在适当的限度，以提高绿化率，控制资金投入，减少不必要的资金浪费。

⑤ 依据确定的特色和绿地的空间形式，创造与之协调的地形、地貌，建设出独具特色、高质量、高品位、高标准、低投资、优美宜人的环境氛围。

6.4.5 总体布局

广场环境的设计中运用规则简洁的图案突出其开朗明丽、恬静自然、简洁大方的特色；绿化以烂漫的春景和绚丽的秋韵为主旋律，以浓荫的夏景和素雅的冬景为基调；以简洁、明快的雕塑反映辽阳市文化特色。如图6-29、图6-30所示。

（1）功能分区

广场规划共分为中、东、西三部分。中部广场区，为整个广场的重点部分，东部、西部分别为两处休闲观景区，为中心广场的展开部分，如图6-31所示。

▲ 图6-29 总体鸟瞰图

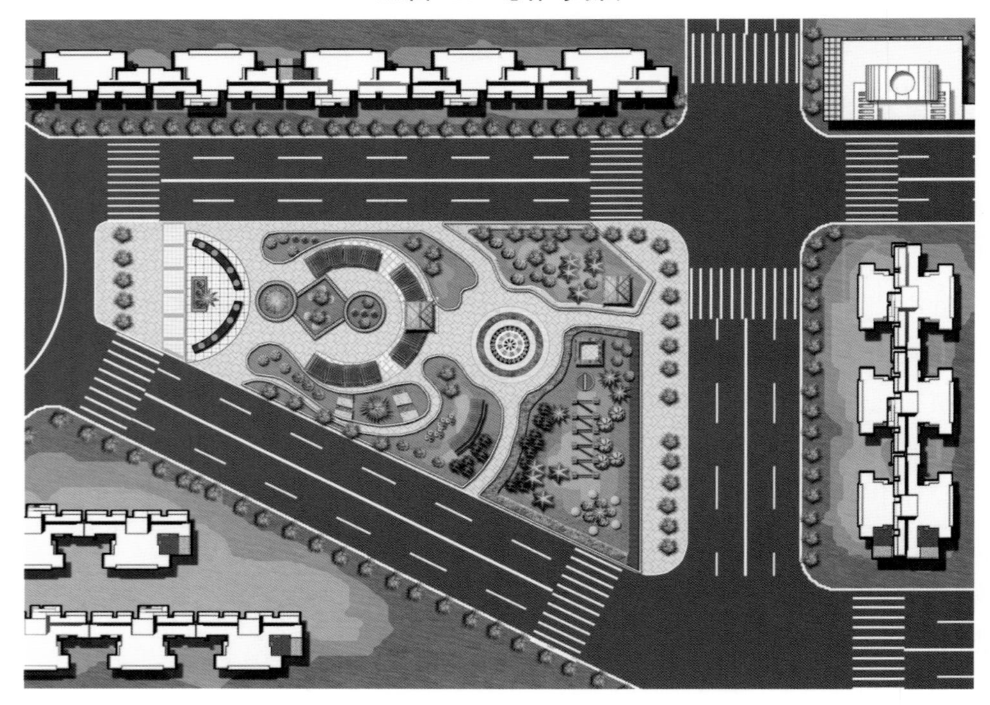

▲ 图6-30 总体平面图

① 中心的广场部分　由绿化带以环岛形式包围着的半环形的廊（命名半满廊）和音乐喷泉组成，是整个广场的主体所在，也是最能体现广场主题思想的场所之一。本次设计将主轴在中部作了转折，广场中部的喷泉起轴线转折的结构引导作用，使主体空间顺畅、和谐地向东部宽阔地带延伸，并控制全局。设计中充分结合环境，结合现代人的审美情趣和使用功能要求，运用现代环境艺术设计手法，创造一种开朗明丽、恬静自然的新世纪高品位的广场绿化景观，用绿化带形成环岛，在半满廊的设计上运用休息亭与花架结合形成环形空间，在平面布局上作为广场的中心，把西关广场景观设计命名为“城市绿洲”的雕塑矗立于音乐喷泉的东侧，让人们深刻感受到，在繁华的城市中出现绿洲，提醒人们保护大自然的重要性，起到画龙点睛的作用。中部广场景观为本次设计的核心所在，将商业都市与绿色完美地融合，形成了“城市绿洲”广场，为辽阳的和谐发展增添了靓丽的风景。如图6-31、图6-32所示。

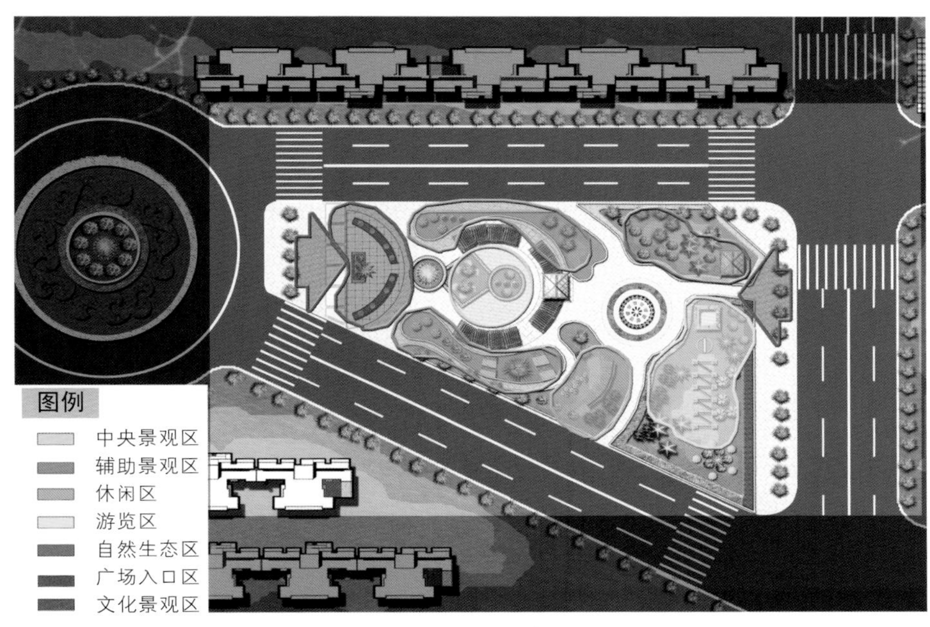

▲ 图6-31　功能分区图

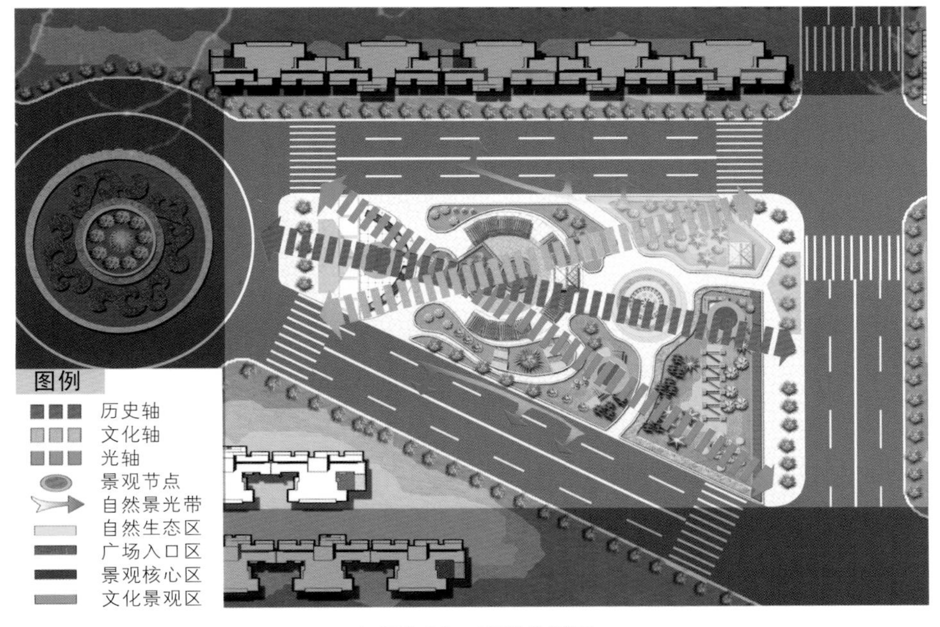

▲ 图6-32　景观分析图

② 广场西部　西关广场入口处是广场的组成部分，该部分主要体现辽阳古老的文化，采用规则对称的手法，入口处两侧运用彩色大理石铺装，创造充满活泼、自然情趣的意境；沿入口中间部分向里为规则整齐的花岗岩铺装，中心部分做花坛景观，花坛中间做石景，其后设置了八个景观廊柱，作为主题背景，景观柱廊不仅构成了广场的背景，同时也为人们提供了一处观景平台。如图6-33所示。

▲ 图6-33　广场主入口

③ 广场东部　为行列式种植的林荫带，突出广场的简洁大方，在其内部设置了休息的凉亭和游览的景观小品，当人们在游玩疲惫时可以在此休憩。如图6-34所示。

▲ 图6-34　局部效果图（东侧）

（2）地形处理

由于地处辽阳市白塔区的民主路、西大街、新运大街的交汇处的三角地带，地势较为平坦，在广场的空间落差上，主要是以园林小品、乔木、灌木以及花草的不同高度差异和色彩感觉来体现广场的空间立体感，让较平坦的地势有了立体的效果。在广场道路方面，多以硬质铺装铺设成供人们通行的道路，同时结合不同形式的直线、曲线的园路，来丰富广场的地形变化。通过这样的处理尽可能让人们感到广场空间的变化，如图6-35所示。

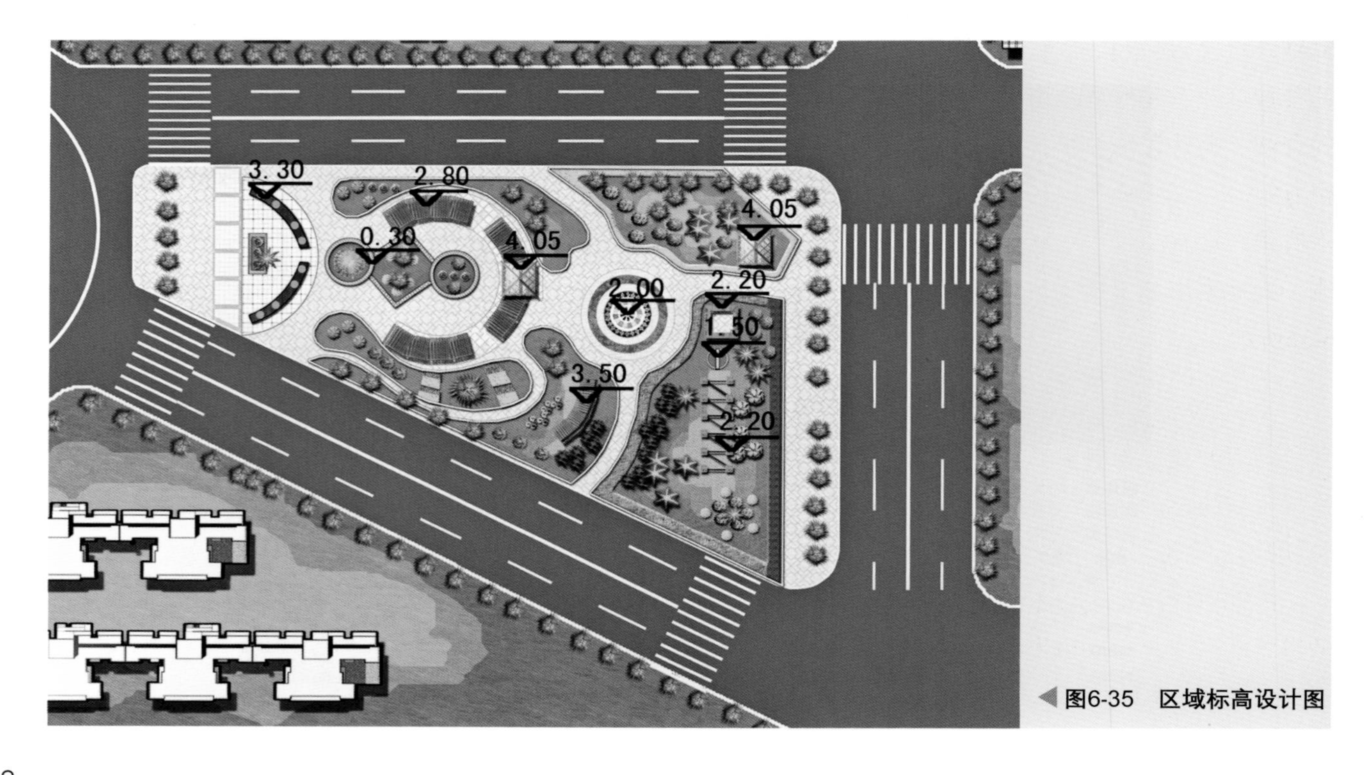

◀ 图6-35　区域标高设计图

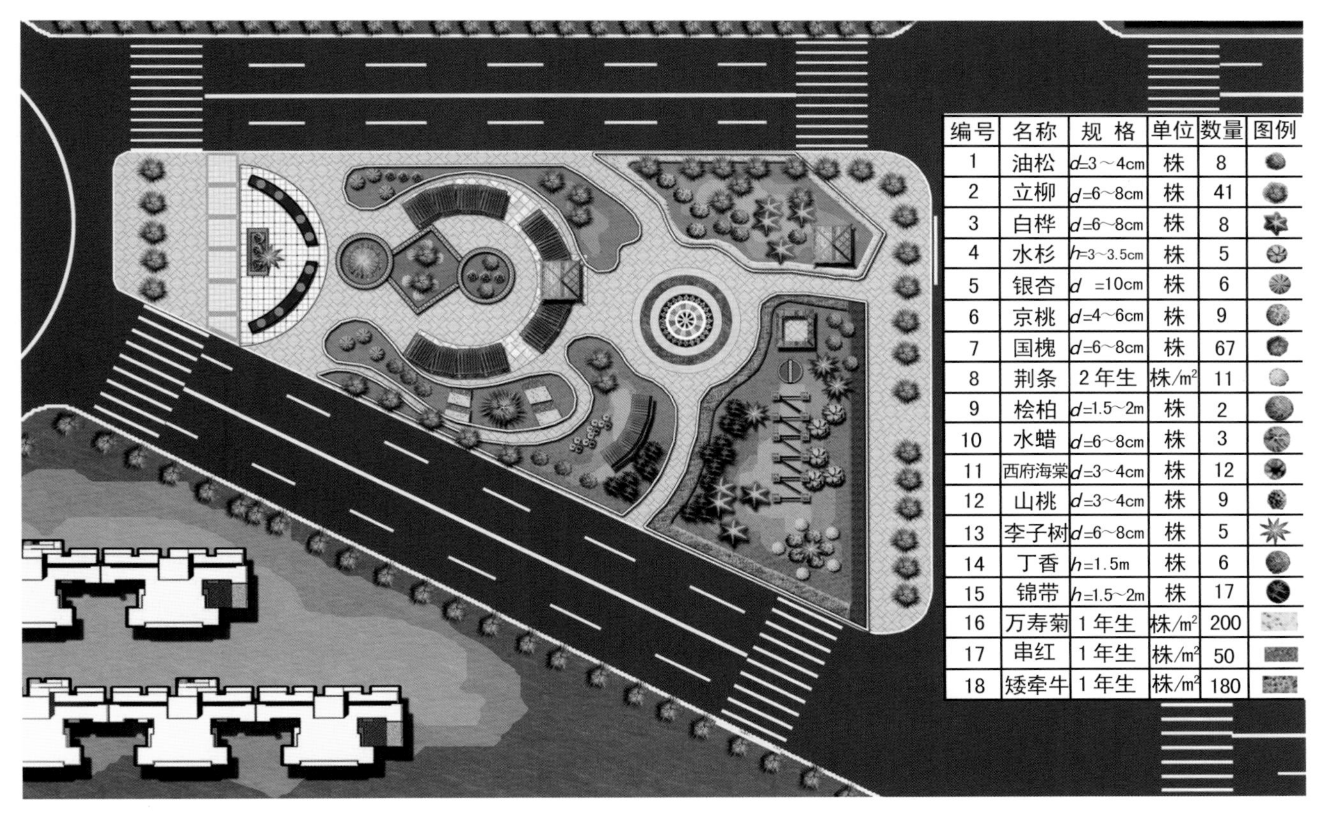

编号	名称	规 格	单位	数量	图例
1	油松	d=3～4cm	株	8	
2	立柳	d=6～8cm	株	41	
3	白桦	d=6～8cm	株	8	
4	水杉	h=3～3.5cm	株	5	
5	银杏	d =10cm	株	6	
6	京桃	d=4～6cm	株	9	
7	国槐	d=6～8cm	株	67	
8	荆条	2年生	株/m²	11	
9	桧柏	d=1.5～2m	株	2	
10	水蜡	d=6～8cm	株	3	
11	西府海棠	d=3～4cm	株	12	
12	山桃	d=3～4cm	株	9	
13	李子树	d=6～8cm	株	5	
14	丁香	h=1.5m	株	6	
15	锦带	h=1.5～2m	株	17	
16	万寿菊	1年生	株/m²	200	
17	串红	1年生	株/m²	50	
18	矮牵牛	1年生	株/m²	180	

▲ 图6-36 种植设计图

（3）绿化设计

根据季节的变化，设计多种多样的植物，达到“四季有花，四季常绿”的效果，且层次分明，色彩鲜艳，对比感强烈。早春时节，万物复苏，山桃、紫荆、杏树等花满枝头，给人暖暖春意，紧接着鲜艳的各种草花竞相怒放，更使明媚春光富于浪漫情怀；夏季期间，绿茵芳草地，浓浓绿树成荫，繁花似锦的合欢、紫薇花满枝梢，呈现出绚丽多姿、色彩斑斓、欣欣向荣的夏季景观；金秋送爽，盛开的桂花香飘万家；在万物凋零的冬季，树姿优美的桧柏独领风骚。总体看来，绿化景观层次鲜明，错落有致，季季有景。利用点、线、面组成合理有序的空间构图，包括以树、花池组成的点，绿篱铺地条纹形成的线，大片灌木丛及草坪组成的面。点、线、面相互交织，形成多样的、有序的现代城市广场空间。如图6-36所示。

（4）交通组织设计

城市开放性空间与城市道路系统有便捷的联系。因此，增加道路的通达性、融入整个城市的大空间是首要解决的问题。设计沿主干道路建立开放场地和出入通道，以吸纳人群，注入现代都市活力。如图6-37所示。

内部路网组织则以不规则的硬质铺装铺设的道路为主要通道，同时穿插部分直线、曲线园路相结合的道路地形变化和植物栽植，增加观赏性和自然情趣。

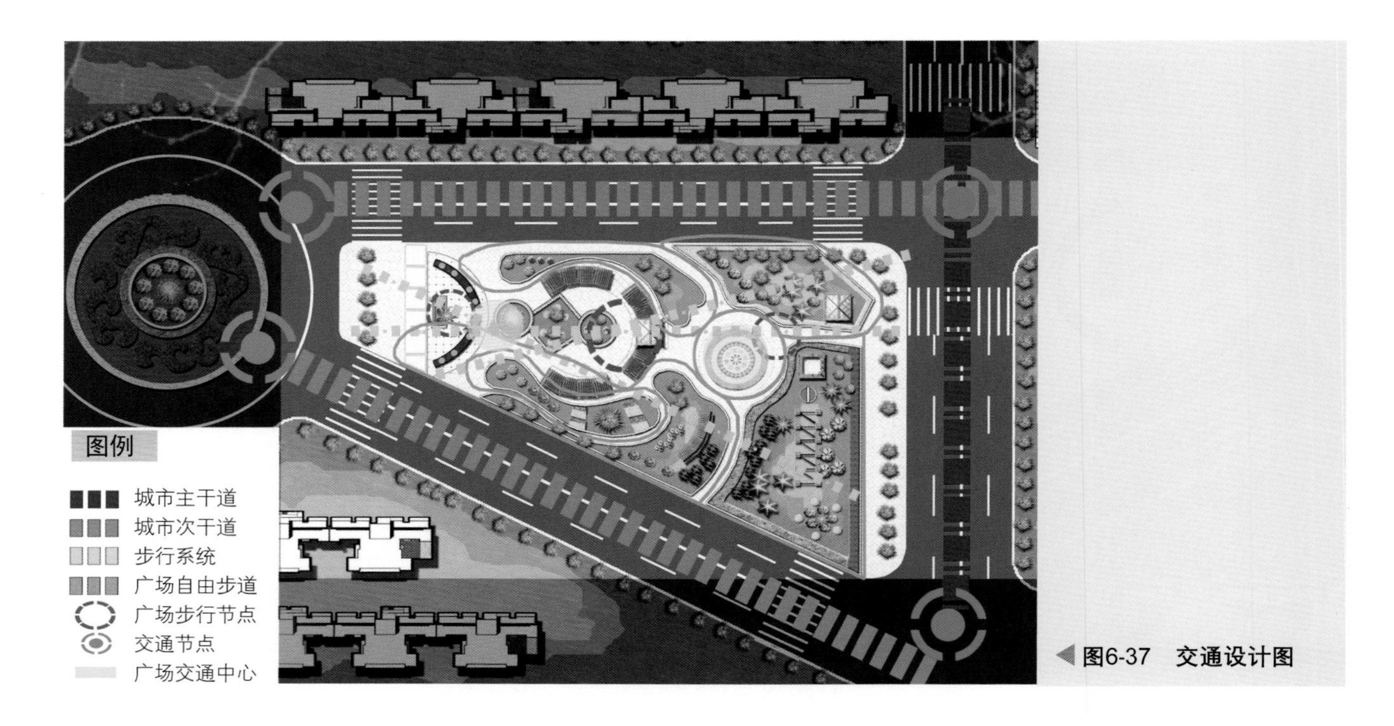

◀图6-37　交通设计图

（5）主要经济技术指标

主要经济技术指标见表6-3。

表6-3　辽阳西关广场主要经济技术指标　　单位：m^2

项目	数值
规划总用地	15816.18
绿化种植面积	5132.40
活动区、广场硬质铺装面积	5341.89
园路面积	2617.52
置石、水池面积	908.13
建筑小品面积	1816.24

（6）园林建筑小品施工技术

分别在东、西、中三个区域设置了一些建筑小品，点缀于绿地中的小型景观性和功能性设施。本设计中建筑小品的立、剖面图例根据图纸比例，可表示设施的位置，不表示具体形态；也可依据设计的形态表示。如设置在室外凉亭的固定座凳；供攀缘藤本植物并可游憩观赏的廊架；在绿地中的照明灯具；与绿地、植物融合在一起的景墙以及设置在景墙两侧的花钵；设置在绿地中提供导游用的标牌等建筑小品。如图6-38～图6-40所示。

▲图6-38　建筑小品效果图

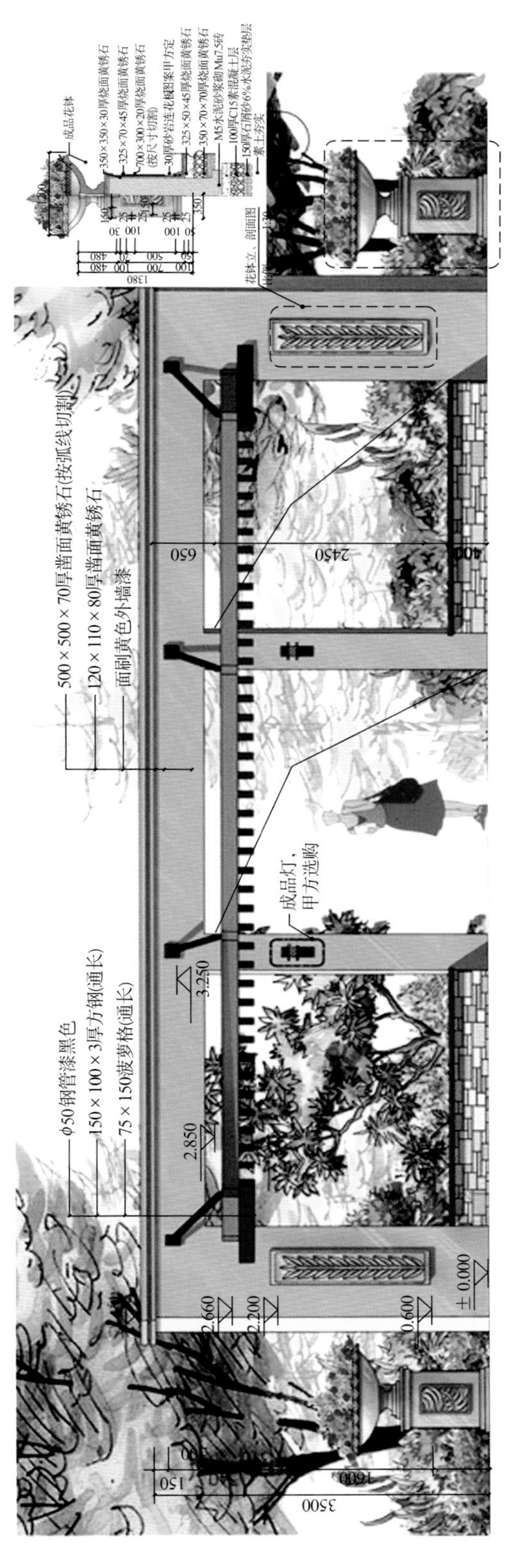

▲ 图6-39 建筑小品设计图

本次设计将设置在音乐喷泉西南方的景墙和音乐喷泉东北方的凉亭，以局部效果图的剖立面的形式表达，将广场中的两个小品部分做了剖立面的施工技术分析，其中包括了小品标高，附属的一些装饰的说明和尺寸的标注。重点将景墙和花钵做了全面的施工分析。

▲ 图6-40　局部效果图（西侧）

6.5 城市广场设计学生作品鉴赏

6.5.1　设计任务

设计主题：太原龙潭公园西门广场规划设计

场地面积：约72 × 85（m^2）

设计者：胡月（山西工程职业学院环艺16班）

指导老师：史喜珍

设计说明：

龙潭公园是一个以庆典为主题的生态文化休憩公园，西门为公园正门并紧邻市区主干道，2003年由动物园改建而成。西门广场作为公园较大的集散广场，人流量大，广场除了一个标志性构筑物和局部绿化以外，基本上没有其他设施。本设计在原有广场空地上，对广场场地进行多功能区域划分，并通过增设景观长廊、休闲娱乐和服务设施、雕塑、绿化等元素，增加广场实用功能和空间层次，对出入口部位进行重点设计，整体上提升了广场的实用功能和美学效果。

▲ 图6-41　广场出入口实景图

▲ 图6-42　广场内部实景图

6.5.2　广场现状

如图6-41、图6-42所示分别为广场出入口实景图、广场内部实景图。

6.5.3　广场方案设计

① 广场平面布局、功能分析、交通流线设计，如图6-43～图6-45所示。

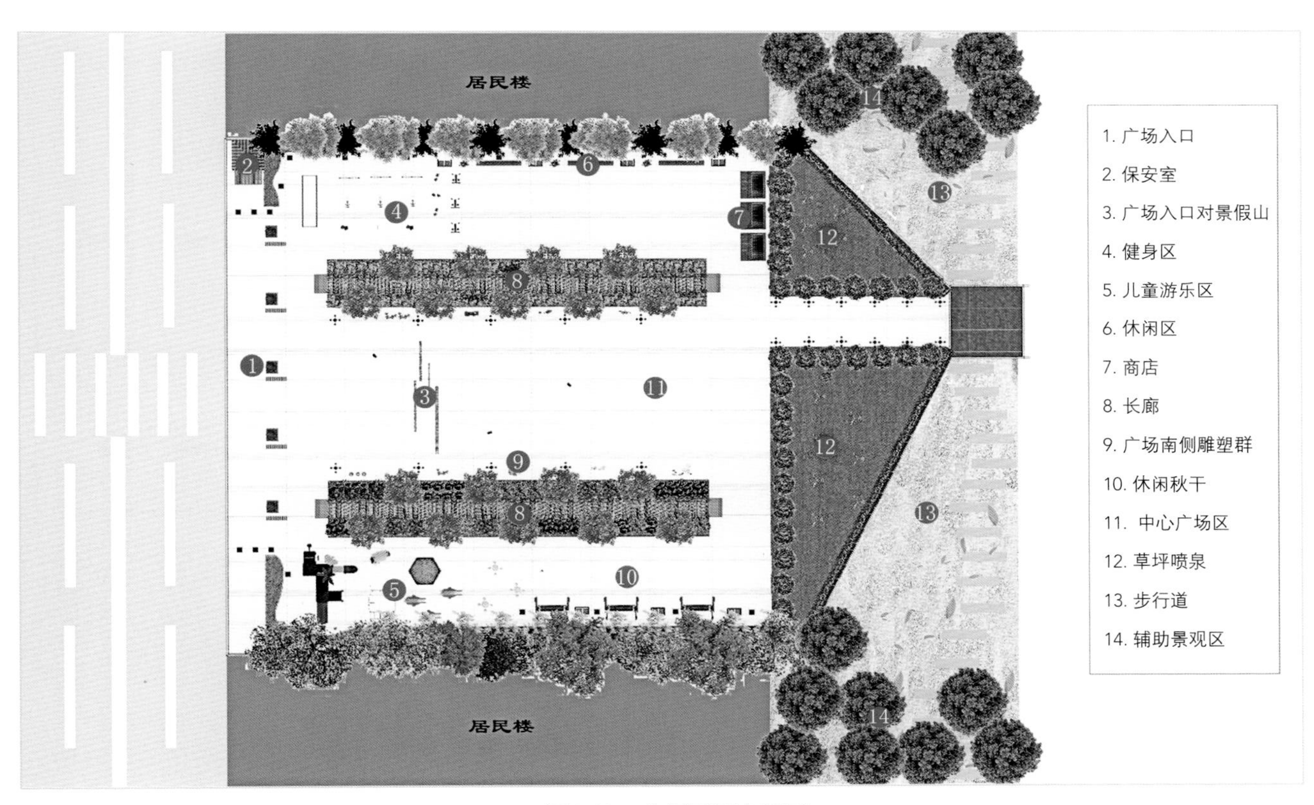

▲ 图6-43　广场平面布局图

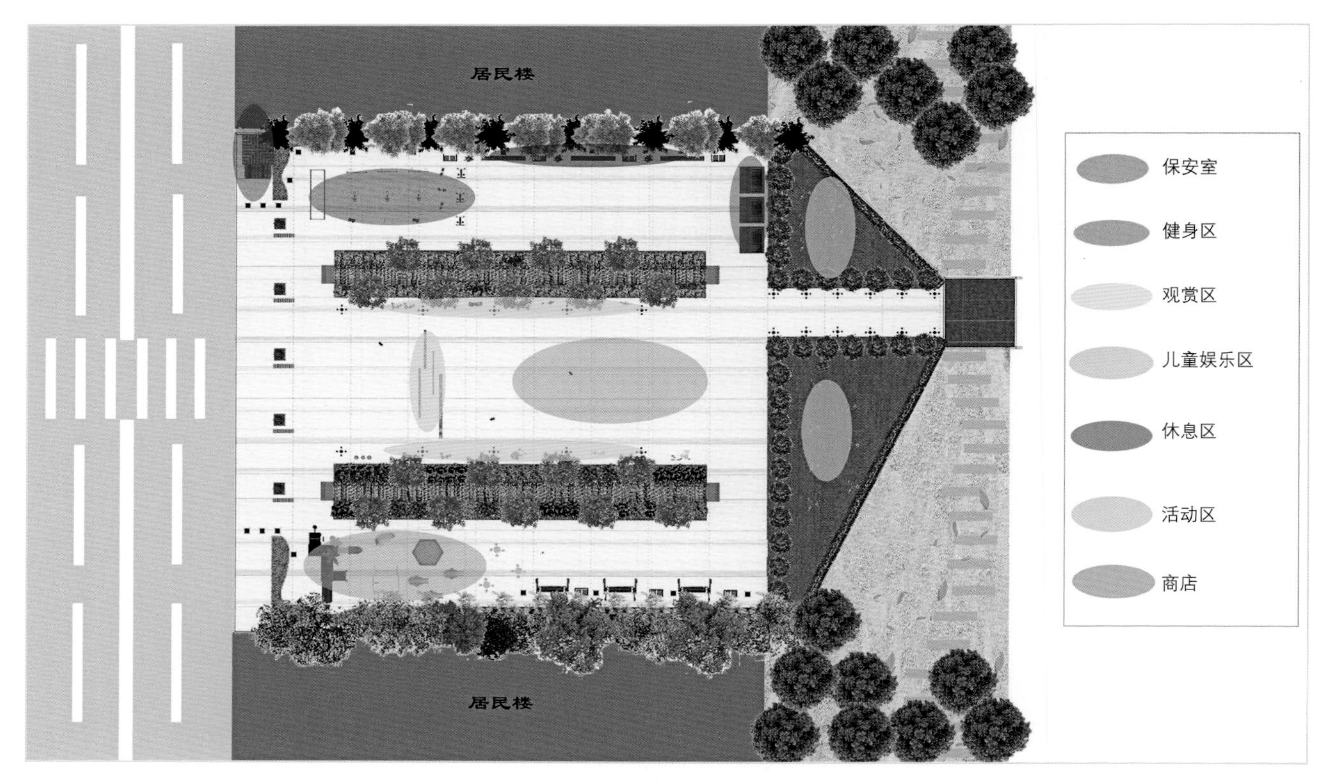

▲ 图6-44　广场功能分析图

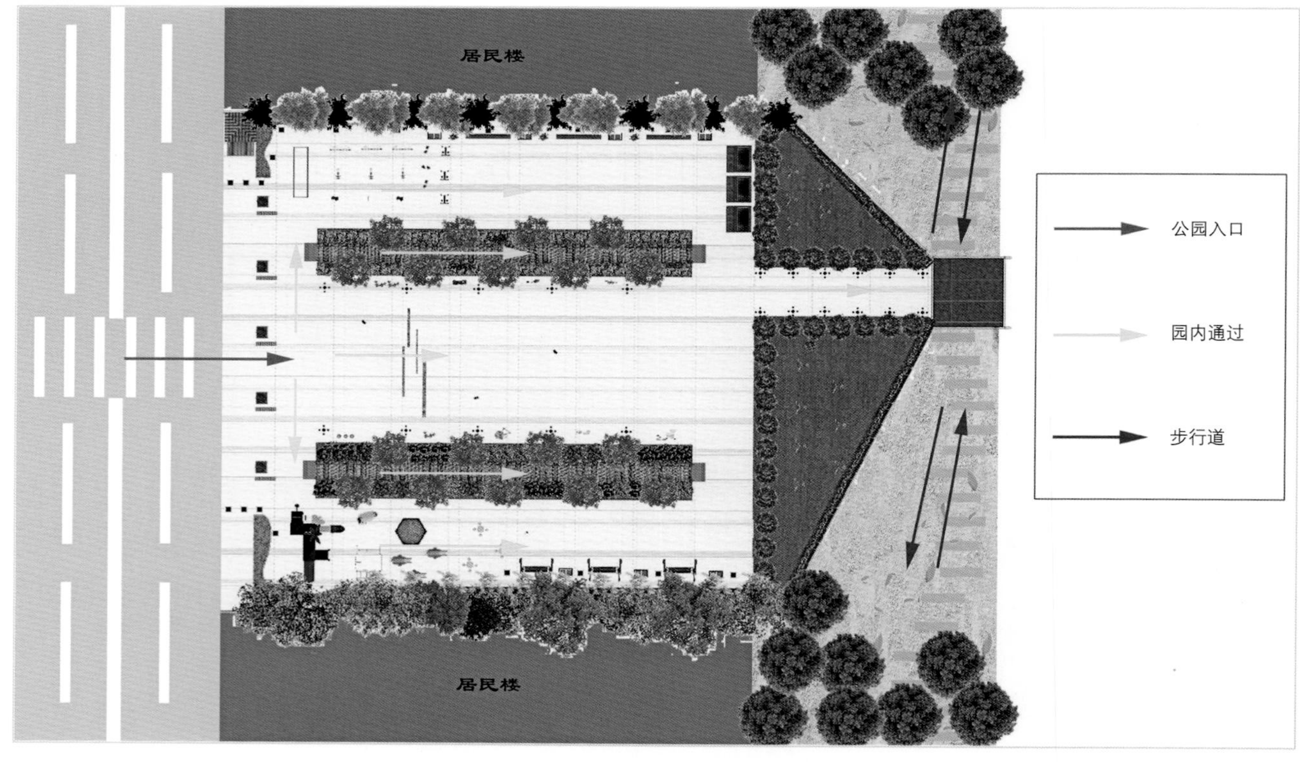

▲ 图6-45　广场交通流线图

② 广场设计方案鸟瞰图，如图6-46所示。

▲ 图6-46　广场设计方案鸟瞰图

③ 广场设计局部效果图，如图6-47所示。

（a）广场出入口局部

（b）出入口对景假山

（c）运动健身区

（d）儿童娱乐区

▲ 图6-47

（e）广场小卖部

（f）休息长廊

（g）雕塑群

（h）趣味秋千休闲区

（i）广场中央活动区

（j）草坪喷泉

▲ 图6-47 广场设计局部效果图

单元小结

广场是城市道路的枢纽，是人们进行政治、经济、文化等社会活动或交往活动的空间，通常是大量人流、车流集散的场所。

广场按空间形态可以分为平面式广场、上升式广场、下沉式广场和立体广场等类型；按功能分类有市政广场、休闲娱乐广场、商业广场、交通广场、纪念性广场、宗教广场、文化广场。

城市广场设计主要是地形、绿化、小品、设施等方面的设计以及广场空间的组织与布局。

广场设计应按照城市总体规划确定的性质、功能和用地范围，结合交通特征、地形、自然环境等进行，并处理好与毗连道路及主要建筑物出入口的衔接，与周边建筑物相协调。

广场利用率和效果的好坏，常从广场的空间环境、座位、朝向、种植、交通可达性和零售设施的布置等方面来衡量。

广场设计要体现文化内涵、丰富广场的空间和结构层次，与周围整体环境在空间比例上协调统一。

思考练习

1. 城市广场有哪些类型？各类广场的特点是什么？

2. 简述城市广场设计要点 。

课题设计实训

1. 结合城市现状，选择一处开敞空间，从功能角度出发对其进行设计。画出平面布局图、主要部位施工图、效果图。

2. 观察你生活的校园或周围环境，选择一片空地做一个广场设计。明确广场的性质和主要功能，注意与周围环境相协调，完成一整套设计图并附文字说明。

7

居住区景观设计

知识目标

了解居住区景观设计的作用

掌握居住区景观设计的原则和方法

掌握居住区景观要素如植物、水体、设施等的特点和设计要求

了解居住区庭院设计风格，掌握其设计方法和程序

了解并掌握庭院组景手法

能力目标

能够对居住区景观环境进行分析

能够进行庭院的全方位设计

能够对居住区环境进行规划设计

7.1 居住区景观设计的概念和作用

7.1.1 居住区的基本概念

城市居住区是城市居民日常生活和居住的一个区域空间，既可泛指不同规模的生活聚居地，也可指被城市道路所围合的独立生活区域。城市居住区作为人居环境最直接的空间，是城市空间的有机组成部分，它必须满足人们日常生活所需的各种功能，是一个相对独立的城市“生态系统”。居住区根据人口数量或居民户数可分为居住区、居住小区和居住组团三级，见表7-1。

表7-1 居住区分级规模

指标 \ 分级	居住区	居住小区	居住组团
户数/户	10000~16000	3000~5000	300~1000
人口/人	30000~50000	10000~15000	1000~3000
用地面积/hm^2	50~100	10~30	1~3

7.1.2 居住区景观设计的作用

居住区环境质量的好坏直接影响到人的生理和心理健康，近年来景观环境的设计越来越受到政府部门的高度重视和居民的欢迎。居住区景观设计是通过人工手段创造舒适宜人的居住环境，其作用主要体现在以下几个方面。

（1）营造绿色生态空间

居住区环境景观绿化设计，不仅能够起到美化空间的作用，它还能起到调节生态环境、改善局部环境气候的作用，为居住区创造一个拥有自然环境的生存空间。

（2）创造交往交流空间

居住区景观环境作为一个开放性的公共活动场所，被人们称为城市的“起居室”，不但为居民提供良好的自然环境，还可通过对道路景观和植被的合理安排，划分出不同的空间区域，供居民进行户外的交流活动。

（3）塑造优美的景观形象

随着社会的发展，人们对于居住区的环境品质要求越来越高，通过对居住区的营造，提升居住区环境品质，塑造美好的景观形象，是提高居民生活质量的重要前提。

7.2 居住区景观设计的原则、要求和方法

7.2.1 居住区景观设计的原则

居住区环境景观设计应坚持以下原则。

① 坚持社会性原则　赋予环境景观亲切宜人的艺术感召力，通过美化生活环境，体现社区文化，促进人际交往和精神文明建设，并提倡公共参与设计、建设和管理。

② 坚持经济性原则　顺应市场发展需求及地方经济状况，注重节能、节材，注重合理使用土地资源。提倡朴实简约，反对浮华铺张，并尽可能采用新技术、新材料、新设备，达到优良的性价比。

③ 坚持生态原则　应尽量保持现存的良好生态环境，改善原有的不良生态环境。提倡将先进的生态技术运用到环境景观的塑造中去，利于人类的可持续发展。

④ 坚持地域性原则　不同的气候条件，环境景观要与之相适应，设计应体现所在地域的自然环境特征，因地制宜地创造出具有时代特点和地域特征的空间环境，避免盲目移植。

⑤ 坚持历史性原则　要尊重历史，保护和利用历史性景观，对于历史保护地区的居住区景观设计，更要注重整体的协调统一，做到保留在先，改造在后。

7.2.2 居住区景观设计的要求

① 强调景观的共享性　不同环境条件的居住区，其景观设计都要与其地域特征相适应，而同一环境下的每套甚至每层楼的住户都要能够获得良好的景观环境效果。要强调居住区环境资源的共享性，在规划时应尽可能地利用现有的自然环境创造人工景观，让所有的住户能均匀地享受居住区的优美环境。

② 注重形式和功能的结合　形式是为功能服务的，没有功能就无法谈形式，功能是形式的基础，形式在功能之上。在考虑景观环境设计时，先要进行功能分析，否则做出的景观就会失去它的意义和价值。现代居住环境景观更加关注居民生活的舒适性，不仅给人使用，还给人欣赏，创造一个自然并舒适宜人的景观环境，是居住区景观设计的必然。

③ 强调居住区景观环境的文化性和艺术性　居住区的景观环境设计应重视建筑体量、色彩及空间关系与周围环境的协调，尊重和结合原有地形、地貌等自然景观资源，创造出一个自然景观资源丰富的居住区环境。应尊崇历史、崇尚文化，突出地方特色和具有鲜明的个性，坚持因地制宜的原则，通过居住建筑和环境景观的充分结合来表现历史文化的延续性，在文化的大背景下进行居住区景观的规划和设计，从而发挥最佳的生态效益、社会效益和经济效益。没有艺术性的景观是僵死的景观，作为面向居民大众的空间，居住区景观环境的艺术性要体现雅俗共赏，在满足大众艺术需求共性的基础上体现个性，而且个性的表达必须适应当地市民文化素质和艺术鉴赏力的水平。

7.2.3 居住区景观设计的方法

（1）设计要以人为本，关注生活区质量

居住区景观环境设计中应始终注重坚持以人为本，要满足人们游憩、活动、交流的功能，做到以人为本，为人服务。其环境氛围要充满生活气息，做到景为人用，富有人情味；空间布局及空间组织要以人的需求为依据，充分考虑人的安全性、便捷性及舒适性，在满足日照、采光和通风的基础上，力求创造一个布局合理、交通便捷、功能齐全、经济合理、绿色生态、环境优美的现代居住区景观环境，并尽量使居民最大程度接近自然和享受自然，以保证居民的身心健康。

（2）共性与个性相统一

居住区景观环境设计大体上都包括了道路的布置、水景的组织、路面的铺砌、公共设施小品的设计、照明设计等，这些方面具有共性，在进行景观设计时，应注意整体性、实用性、艺术性、趣味性的结合；但居住区景观设计还要充分体现出地方特征和规划之地的自然特色，中国幅员辽阔，自然区域和文化地域的特征相去甚远，居住区景观设计要考虑当地的气候、民俗、民风、生活习惯等个性特点，了解该地的历史与现状，掌握其发展趋势，把握这些个性特点，从而营造出富有地方特色和创意的环境。

（3）点、线、面元素相结合

环境景观中的点，是整个居住区环境设计中的点睛之笔；环境景观中的线，是整个居住区环境中的骨架和脉络；环境景观中的面，是居住区环境中主要的活动范围。例如庭院内的某一个雕塑、亭子、花坛、座椅等点元素经过相互交织的道路、河流或绿化等线性元素贯穿起来，就形成了一个有序而有趣的面空间，点、线、面结合的景观设计法是居住区景观设计的基本方法。

（4）强调居住区的主题性，以绿化为主

景观设计主题必须呼应居住区环境的整体风格，不同的居住区设计风格将产生不同的景观配置效果。例如，欧陆风格的居住区适宜采用欧式柱式、几何型的草坪、喷泉等元素的设计；而江南风格的居住区则适宜采用曲水流觞、堆山理水、亭廊榭、花窗等元素的造园手法。当然，景观环境设计的一些常用手法诸如对景、借景、框景、点景等都是通用的。

居住区绿化具有生态和精神双重功能，它不仅能起到遮阳、降噪、防尘、杀菌防病、净化空气、改善小气候等诸多物理功能，而且能美化环境、增强居民的认同感和归属意识。在居住区环境景观设计中，以绿为主是居住区绿化的重点，主要通过树木、花草的种植来实现。首先应增加植物的多样性，包括植物品种的多样性、植物景观层次的多样性和植物色彩的多样性。例如，可适当多引进适合生长的乡土树种，乔灌草有机结合；乔木下面有灌木，灌木下面有花草的复层种植结构；还可以与园艺小品、休息座椅和硬质铺装等相结合，植物可作为其独特的背景，通过绿化的不同质感、色彩等方面的对比来突出园艺小品、休息座椅以及铺装，起到点景的作用。其次，要发展立体绿化，包括屋顶绿化、墙面绿化、阳台窗台绿化、棚架绿化等，是一种不占地面的绿化形式，能更进一步地将绿色植物与建筑有机结合，弱化建筑形体生硬的几何线条，而且还能减少屋顶、墙面的局部热岛效应，产生生态的环保节能效果，从而提高住宅小区的生态效益。

7.3 居住区景观设计的内容

居住区规划设计的主要内容包括用地规划、交通道路规划设计、住宅规划设计、公共绿地规划设计和服务设施设计。

7.3.1 居住区用地分类

（1）住宅建筑用地

指由住宅建筑基底所占有的土地及建筑周边合理范围内用地（含宅旁绿地、宅间小路等）所构成的空间区域。住宅区域在居住空间的总体区域内占有相当大的比例，一般情况下占50%左右。

（2）公共服务建筑设施用地

简称公建用地，指区内与居住人口规模相对应配建的各类公共服务设施的用地，包括其建筑基底占地及相关附属的专用场院、绿地和配建停车场、回车场等。

（3）道路用地

泛指除宅间步行小路和公建用地内专用道路以外的各级车行道路、交通十字路口、停车场、回车场等。

（4）公共绿地

指满足规定的日照要求，适于安排游憩活动场地的居民共享的集中绿地，按等级包括居住区公园、居住小区的小游园、组团绿地以及其他具有一定规模的块状、带状公共绿地。

居住区用地根据不同的组织构成要素又可分为两种：一种是物质要素构成，即人、建筑、道路、绿化、水体、公共设施小品等实体要素；一种是精神文化要素构成，即不同环境所体现出的不同历史文脉、特色等。两者不可分割、相互依存，精神内涵通过物质要素体现出来，使物质要素更具有艺术性和文化性。

7.3.2 居住区道路系统分析与设计

居住区道路是城市道路的延续，也是居住区用地的交通枢纽。居住区道路不仅要为公交车、私人小汽车、摩托车等机动车和自行车等非机动车以及人行交通提供方便外，还要为残疾人、老年人以及幼儿等这类人群提供必要的保障。

（1）道路规模等级

居住区道路根据居住区规模大小分为以下四级。

① 居住区级道路　主要满足各种机动、非机动车与人从城市进入居住区内的主要交通需要，及提供足够的市政管线敷设空间。它是居住区内的主干道，也是居住区与城市道路网相衔接的中介性道路，它

是大城市的支路，是中小城市的次干道。其道路最小红线宽度宜大于或等于20m，必要时可增宽至30m。

② 居住小区级道路　主要满足居住区内部的机动车、非机动车及人行交通，不允许引进公交车。它是居住区内的次干道，是居住小区的主干道，它用来沟通小区的内外关系。其道路宽度宜为6～9m，道路红线宽度根据规划要求确定。

③ 居住组团级道路　它是居住小区的支路，是居住组团的主路，用以沟通组团内外关系。主要以人车混行方式，路面宽度一般以单车道加上人行道的宽度为标准，一般为4～5m，在用地条件有限的地区可采用3m。

④ 宅间小路　它是进出住宅及庭院空间的最末级道路，主要满足自行车和人行交通，但必要时也需要满足清运垃圾、搬运家具、消防和救护等需要，所以路面宽度一般为2.5～3m。

（2）道路类型

居住区内的道路包括机动车道、非机动车道、人行道和残疾人通道等，根据道路的不同分类和不同使用功能，居住区内各类道路的最小宽度要求如下。

① 机动车道　单车道宽3～3.5m，双车道宽6～6.5m。

② 非机动车道　自行车单车道宽1.5m，双车道宽2.5m。

③ 人行道　设置于车行道的一侧或两侧的最小宽度为1m，设于其他地段的人行步道（如园路）可小于1m。如人行道的宽度超过1m时，可按0.5m的倍数递增。

④ 人行梯道　当居住区用地坡度或道路坡度大于等于8%时，则应辅以梯步并附设坡道以供非机动车上下推行，坡道坡度比应小于等于15/34，长梯道每12～18级需设一平台。

⑤ 无障碍道路　轮椅坡道最小宽度需满足手摇轮椅尺度所需空间，最小宽度为1.5m；或需满足旁边有护理所需空间，则最小宽度为2.5m；中间平台最小深度需大于1.2m，转弯和端部平台深度需大于1.5m。盲人盲路需设置盲人路引的行进、停步块材和引导板，以提示盲人停步辨别方向、建筑入口、障碍物、警告易出事故地段，或进行路引说明。

（3）停车用地

居住区内道路用地还包含各种机动车和非机动车的室外停车场和室内停车库及停车位。居住区内交通组织的核心问题是机动车的停车位置与组织方式。室外机动车停车位置的设置主要有两种：一种是为了方便使用、管理和疏散所采取的露天集中停放方式；另一种是分散设置小型停车场和停车位。前者宜布置在与车行道紧密相连的专用场地上，并需注意规模的控制；后者因规模小、自由灵活、使用方便，宜利用道路尽端、庭院和消极空间区域内停放，但缺点是因零散而不易管理，或者因此导致景观环境效果不够整体。所以在进行停车场和停车位的设计时既要与居住区景观环境统一考虑，充分利用居住区的地形，离用户较近的同时保证庭院尽量少受干扰，保持景观环境的整体性，又要适当增加停车场和停车位的绿化面积，以防止车辆被暴晒、雨淋和因车辆带来的噪声、大气污染。此外，还应配置相应的休闲场地，以利于车辆安全、管理，同时也为居民增加交往的机会。

居住区停车的基本方式包含三个基本类型：平行式、垂直式和斜列式。

平行式停车优点是停车带较窄，驶出车辆方便、迅速，但缺点是占地较长，单位长度内停车位最少，如图7-1所示。

垂直式停车优点是单位长度内停车位最多，但停车带占地较宽，且进出时需倒车一次，因而对通道

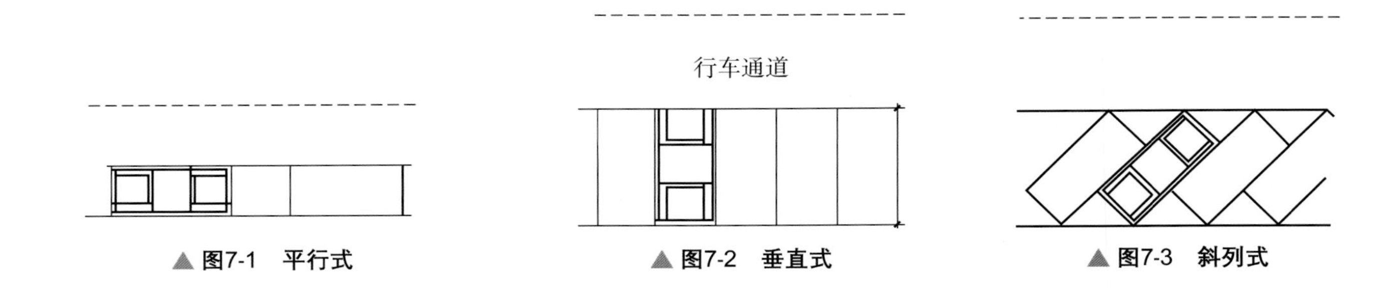

▲ 图7-1　平行式　▲ 图7-2　垂直式　▲ 图7-3　斜列式

要求为至少需两个车道宽，如图7-2所示。

斜列式停车一般为30º、45º、60º，优点是适于场地受限时采用，出入与停放方便，能迅速停放与疏散，但缺点是单位停车面积比垂直停车要多。一般较少采用30º停放，此方式最浪费用地面积，如图7-3所示。

现代居住区为了节约用地、方便管理、安全和维护、减少干扰和环境污染，多数在集中绿地、活动场地的地下室建造停车场，但其所耗资本相对较大。室内停车库形式有地上、地下和半地下三种形式。

（4）不同类型的道路铺装设计

铺地在居住区景观设计中起到重要的作用，美观且实用。从广场、停车场到道路、台阶等，其材料都应满足以下要求：一是能承受车辆、人行的重量且耐磨损；二是有较强的耐寒、耐热以及防滑能力。道路铺装可以由沥青、混凝土、天然石块、砖、砾石、木材等铺砌。

① 现浇混凝土、沥青路面。多用于居住区的主、次干道，如图7-4所示。

▲ 图7-4　现浇混凝土、沥青路面

② 水泥预制砌块、砖块、石材等块材铺装。适用于广场、停车场、步行道和庭院道路中，如图7-5所示。

③ 弹性材料铺装。如居住区内儿童游戏场地、运动场地等，如图7-6所示。

道路不仅供人们行走和锻炼身体，而且是人们欣赏风景、交流和修身养性的场所。用于交通的道路需便捷顺畅；用于锻炼的道路景观需雅致清静；用于审美的道路环境美则露，丑则蔽；用于交流的道路环境则要有相对安逸的空间。

▲ 图7-5 块材铺装路面

▲ 图7-6 弹性材料铺装的儿童游乐场及健身步道

7.3.3 居住区绿化系统分析与绿化设计

（1）居住区绿化的基本功能与布局

① 基本功能 居住区环境绿化设计功能包含物质功能和精神功能两方面。其物质功能包括能够净化空气、防尘降噪，起到绿化环保和提高其环境质量的作用；精神功能包括不仅能够满足居民各种交往、健身和休憩等活动的需要，还能够满足人们的视觉感官要求和美化环境。

② 绿地基本布局形式 主要有规则式、自然式、规则与自然相结合的三种形式。

a. 规则式。其布局形式多以轴线对称式布置景物，形式较为严整、方正，园路和各构成因素一般以直线、几何规则线型和图案型布置，水池、花坛及花坛内种植常用几何形，树丛绿篱一般修剪整齐或修成一定的几何图案，平面一般多具有图案式效果，因此较适合于平地的布置，如图7-7所示。

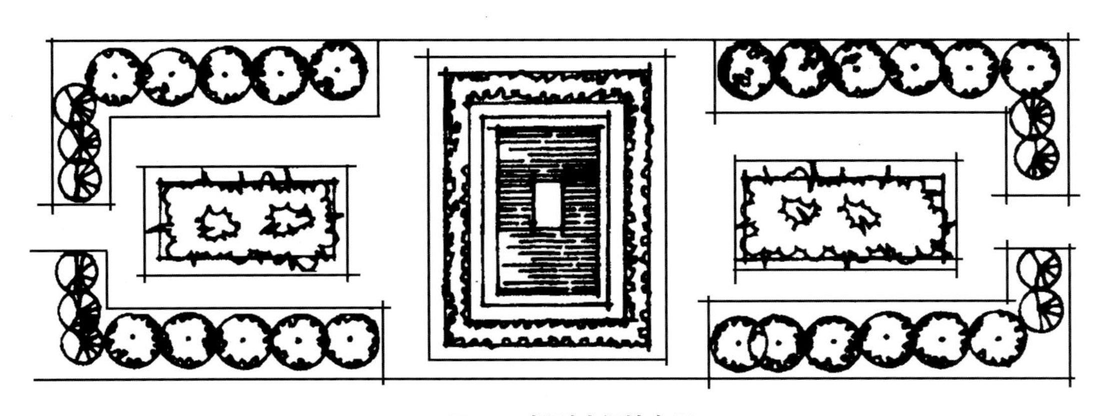

▲ 图7-7 规则式绿地布局

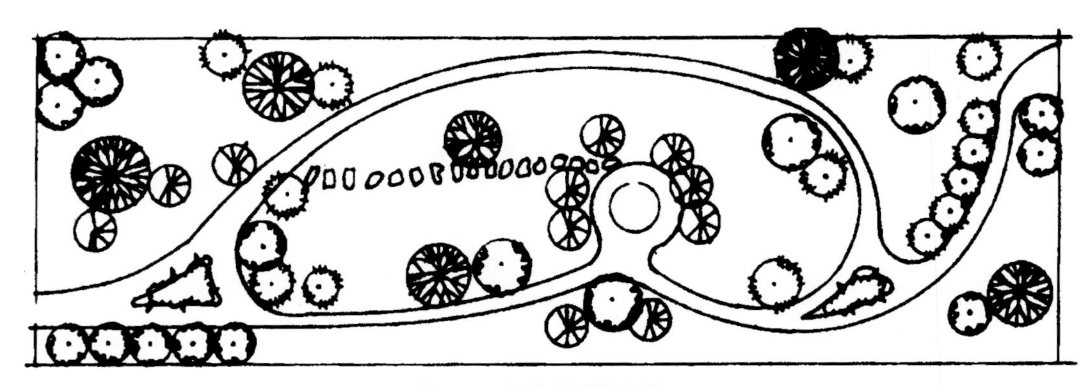

▲ 图7-8　自然式绿地布局

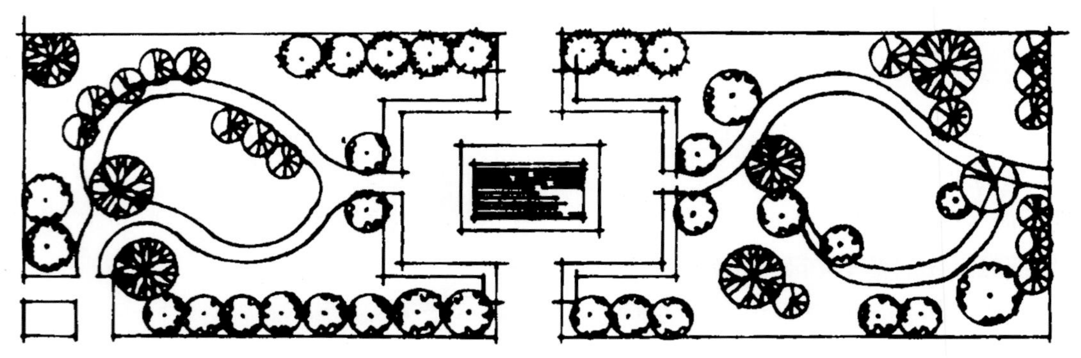

▲ 图7-9　规则与自然结合的绿地布局

b. 自然式。其布局形式多以不规则不对称的方式布置景物，采用中国传统造园手法，力求自然生动，水池、花坛及花坛内种植多为曲线形，疏密有间、错落有致，道路设置较曲折，因此适于地形变化较大的用地，如图7-8所示。

c. 规则与自然结合形式。即混合式布局，同时具有前面两者的优点，既有节奏韵律感，又能够较好地与环境相协调，如图7-9所示。

（2）居住区的绿化等级

在中国根据居住区的不同规模和组织结构，对居住区的绿化要求分为以下四个等级。

① 居住区公园　又被称为居住区级中心绿地，主要用于解决居民日常的休闲活动需要，位置与居住区级道路相邻，并开设通往居住区级道路的出入口，有完善的游憩活动设计，例如包含能满足老年人休息的老年活动区和满足儿童游玩的游戏区等。其用地规模一般不小于1公顷，其服务半径以步行15分钟左右为宜（800～1000m），一般在拥有3万人左右的居住区就可设置规模为2～3公顷的公园。如图7-10所示。

▲ 图7-10　居住区公园

② 居住小区游园　又被称为居住小区

级中心绿地，其规模较之居住区公园小。位置与小区级道路毗邻，并开设通往小区级道路的出入口，具备基本的儿童游戏设施、老年人活动设施和一般的游憩散步道等，规模在0.4～0.6公顷左右，其服务半径为步行10分钟左右（约500m），主要服务于人口在1万左右的住宅区。设置可有儿童设施、铺装地面、花草树木、花坛水体等基本休闲内容。如图7-11所示。

▲ 图7-11　居住小区游园

③ 居住组团绿化　又被称为居住组团中心绿地，是指组团建筑围合的空间绿化。要求与组团级道路相邻，并向其开放主入口。由于受组团空间的限制，组团绿地一般面积不大，可根据场地适当设置简易的儿童活动设施和老年人休闲活动设施，除去这些必要的活动空间外，其他区域的绿化主要采用低矮的灌木为主，用地规模一般不小于0.04公顷，服务半径为步行3分钟左右（约200m）。如图7-12所示。

▲ 图7-12　居住组团绿化

④ 宅间绿地　系指住宅周围、住宅之间、建筑入口等处的绿化区域。是住宅内部空间的延续和补充，主要设置方便儿童嬉戏、邻里之间交往和开展各种家务活动等设施。根据宅间绿地的不同性质和不同使用情况可分为三部分。如图7-13所示。

a. 近宅空间。包括单元门入户用地，如单元入口、入户小路、散水等单元领域；还包括底层住宅小院和楼层住户阳台、屋顶花园等用户领域。它是用户使用频率最高的最亲切的过渡空间，不仅具有识别单元住户和防卫的作用，还具有适用性和邻里交往的作用。设计时可通过矮墙、绿篱、花坛、铺地等进行一定的围合和划分，还可适当地布置座椅方便住户在此做家务劳动和聊天交流，可设置停放摩托车、自行车、婴儿车、轮椅等，适应居民的日常行为活动；对于底层住户小院、楼层住户阳台和屋顶花园的设计，一般具有一定的私有性并由用户自行设计，可以尽可能多地进行竖向绿化设计。如图7-14所示。

b. 庭院空间。属于宅群或楼栋领域的公共空间，包括庭院绿化、各种活动场地及宅间小路等。主要提供庭院四周的住户使用，场地布置考虑到住区环境的安静，一般只设置少量的供3～6岁幼儿游戏，老年人休息的场地，晾晒所需的硬质场地和尽可能大的面积的绿化，适当设置观赏性艺术性较强的小品、水景、石景等，场地之间可铺砌园路联系起来。如图7-15所示。

c. 余留空间。属于宅旁绿地中消极空间和模糊领域，边角地带、空间与空间的连接和过渡地带，如山墙间距、住宅之间背对的区域、住宅与围墙的间距等空间，又称为负空间。一般应尽量避免这些消极空间的出现，或设法转化为积极空间，比如可将背对背住宅空间设计为停车场地、儿童游戏场地、老年人休息场地等，也可在住宅山墙之间设置垃圾转运站或者种植耐荫植物等。

▲ 图7-13　宅间绿地

▲ 图7-14　近宅空间

▲ 图7-15　庭院空间

因宅间绿地贴近住宅，既具有通达性又具实用观赏性，所以宅间绿地的种植应考虑住宅建筑物的朝向（如在华北地区，建筑物南面不宜种植过密，否则影响采光和通风），近窗不宜种高大灌木；而在住宅建筑的西面，则需要种植高大阔叶乔木，对夏季降温有着显著的效果。

（3）绿地相关硬性指标

① 公共绿地指标　根据居住人口规模，人均绿地占地面积应分别达到：组团级绿地不少于0.5m^2/人；小区（含组团）不少于1m^2/人；居住区（含小区或组团）不少于1.5m^2/人。

② 绿地率　新区建设应不小于30%（上海市不小于35%；旧区改造宜不小于25%；种植成活率不小于98%）。

③ 绿化植物栽植间距见表7-2。

表7-2　绿化植物栽植间距

名称	间距不宜小于/m	间距不宜大于/m
一行行道树	4.00	6.00
两行行道树	3.00	5.00
乔木群栽	2.00	—
乔木与灌木	0.50	—
灌木群栽（大、中、小灌木）	1.00、0.75、0.30	3.00、0.80、0.50

④ 绿化带最小宽度规定见表7-3。

表7-3　绿化带最小宽度

名称	最小宽度/m	名称	最小宽度/m
一行乔木	2.00	一行灌木带（大灌木）	2.50
两行乔木（并列栽植）	6.00	一行乔木与一行绿篱	2.50
两行乔木（棋盘式栽植）	5.00	一行乔木与两行绿篱	3.00
一行灌木带（小灌木）	1.50		

（4）居住区植物配置的要点

① 景观植物配置的多样性　根据所在地区的气候、土壤条件和自然植被分布等自然环境特点，选择符合该地域的、抗病虫害强、易养护管理的植物；注意丰富植物品种，乔灌草合理结合，常绿与落叶、速生与慢生相结合，将植物配成高中低各层次，体现植物配置的层次性和多样性，充分发挥植物的各种功能和观赏特点，并创造“春花、夏荫、秋实、冬青”的四季景观。总之，植物配置应向生态化、乡土化、功能化、景观化方向发展，体现良好的生态环境。

② 要注重种植位置的选择　居住区道路两侧应栽种乔木、灌木和草本植物，既可以遮挡交通造成的尘土、吸收有害气体及减少噪音，有利于沿街住宅室内保持卫生和安静，又可构成多层次的复合生态结构，达到人工配置的植物群落自然和谐。行道树应尽量选择枝冠水平伸展的乔木，以起到遮阳降温作用。居住区内的锅炉房、变电站、变电箱、垃圾站等欠美观地区可用灌木或乔木加以隐蔽。

③ 增加屋顶绿化、平台绿化和停车场绿化　屋顶绿化要考虑到建筑屋顶的自然环境与地面不同，相对地面来说，屋顶接受太阳辐射强，光照时间长，温差变化大，这些对植物生长有利；但屋顶风力比地面一般大1～2级，对植物发育不利，相对湿度比地面低10%～20%，植物蒸腾作用强，则更需保水。屋顶绿化分为平面和坡面绿化两种，应根据不同生态条件种植生命力顽强、抗风力强、外形低矮的耐旱、耐移栽植物。平屋顶以种植观赏性较强的花木为主，可与石景、水景结合形成庭园式绿化，而坡屋面多选择攀缘型植物。屋顶绿化还需考虑屋顶的荷载问题，因此栽培介质常用轻质材料按需要比例混合而成（如营养土、土屑、蛭石等）。

平台绿化要结合地形特点及使用要求设计，平台上部空间一般作为行人的活动场地，下部分空间可作为地下停车库、活动娱乐场地或辅助设施用房等。为防止对平台附近首层居民的干扰，平台设计一般需尽量将人流限制在平台的中间部分，并注意在其周边种植一定数量的乔木和灌木等植物，以减少对室内居民的视线干扰。平台绿地种植应根据平台的承载力进行设计，种植土厚度必须满足植物生长的要求，对于较高大的树木，可设置树池栽植，同时需解决好排水、草木浇灌和平台下部采光问题，将采光口进行统一规划。

其中，屋顶绿化、垂直绿化、停车场绿化等逐渐成为绿地景观生态系统规划设计内容之一。

④ 营造植物与人的交流　首先，绿化空间的大小要控制。实践证明，尺度过大的绿化空间领域感弱，人们身处其间缺少安全感。所以绿化中应尽量以组团为中心，营造亲切怡人的绿化空间，还应保证绿化的可进入性，将绿化与铺地、园路相结合，让人们参与其间享受自然。其次，为方便残疾人通行，可考虑建设绿色走廊，设计适当的无障碍道路，将绿化和栏杆结合。最后，植物的色彩可以影响人的情绪，对人的健康有益。如白色花朵给人雅致、宁静的感觉；红色花可刺激兴奋神经，产生兴奋情绪；蓝色花朵令人感到心情疏朗等。植物的气味也对人有很大的影响，它不仅可以使人的记忆力得到增强，还可以使人的情绪变好。所以最好选择具有保健作用的花木。

7.3.4　居住区水体设计

“水为万物之源”，一方面，居住区中较大面积的水体，可以影响周围环境的温湿度，改善整个居住区的小气候；对于较小面积的水体，则可以改善局部或建筑室内的微气候，它不仅承载着水质涵养、供养植物生长的功能，而且能起到调节温湿度、吸尘降噪、净化空气、有效调节居住生态环境。另一方面，居住区中的水景不单是物质景观，更成为居住区中的文化景观，其活跃性和穿透力成为景观组织中最富有生气的元素，给人以美的享受，引起无限的遐想。

居住区内的水景包括天然的和人工的湖泊、荷塘、游泳池、喷泉、瀑布、溪流等诸多形态，它们组成居住区中重要的景点。居住区内的水景对于生态、景观、文化及娱乐等方面都有积极的作用。设计中要充分挖掘水的内涵，体现东方理水文化，营造出人们亲水、观水、戏水、听水的场所。

▲ 图7-16 生态水池

（1）水池

水池是居住区环境中最常见的组景手段，小区中的水池分为生态水池、涉水池和游泳池。

① 生态水池　居住区的生态水池多饲养观赏性鱼虫和水生植物（如鱼草、荷花、芦苇等），是既能营造动物和植物互生互养的生态环境，又能美化环境、供人观赏，还能调节小气候的水景。水池的形状可采用方形、圆形、椭圆形等规则几何图形、自然形或立体水池等，水池的深度应根据饲养鱼虫的种类、数量和水生植物在水下生存的深度而确定，一般在0.3～1.5m左右，如图7-16所示。

▲ 图7-17 涉水池

② 涉水池　用于儿童嬉水的涉水池主要有水面下涉水和用于跨越水面的水面上涉水两种。为防止儿童溺水，水面下涉水水深应该不大于30cm，同时，池底需做防滑处理，且不能种植苔藻类植物。水面上涉水一般设置安全可靠的汀步，面积应不小于0.4m×0.4m，并满足能够连续跨越的要求。为防儿童误饮池水，以上两种涉水方式都应设置水质过滤装置保持水的清洁。如图7-17所示。

③ 游泳池　居住区游泳池不仅是锻炼身体和游乐的场所，也是邻里之间的重要交往场所，游泳池的造型和水面还是造景的重要内容。游泳池的设计必须符合游泳池设计的相关规范，现代居住区的游泳池平面不宜做成正规比赛用池，池边尽可能采用优美的曲线以加强水的动感，如图7-18所示。

游泳池根据使用者不同可分为儿童游泳池和成人游泳池，两者的设置最好分开为宜，并需考虑儿童游泳池深度为0.6～0.9m为宜，成人游泳池深度一般为1.2～2m。成人游泳池与儿童游泳池宜统一考虑设计，一般可将儿童游泳池放在较高位置，水经阶梯式或斜坡式叠水流入成人游泳池，一方面保证儿童游泳池的安全，另一方面可丰富游泳池的造型。池岸需做圆角处理以防撞伤，岸边需铺设软质渗水地面或防滑地砖。游泳池周围可铺设经过防腐处理的木栈道，并提供休息和遮阳设施，周边宜多种植乔木和灌木以改善其环境。

▲ 图7-18　居住区游泳池

（2）喷涌

① 喷泉　其水体靠压力形成喷射水流，依据喷泉的速度、方向、水花等不同，构成的水姿有蜡烛型、蘑菇型、冠型、扇型、柱型、喇叭花型等多种多样。设计时应注意喷泉的水姿和高度是由水压和喷头形状而定，喷头所处的位置不同也会影响到水的形态。另外喷泉容易受到风吹的影响而飞散，所以设计时应该慎重选择喷泉的位置及喷水的高度，如图7-19所示。

② 涌泉　模仿自然的泉涌方式，水体的喷射速度小于喷泉。涌泉通常以一个小型喷泉的形式出现，置于居住区的某一个小空间之中，以起到点景和丰富景观的作用，如图7-20所示。

▲ 图7-19　喷泉

▲ 图7-20　涌泉

（3）溪流

线式流动水体，提取了山水园林中溪涧景色的精华，一般多以人工建造为主，曲折迂回、婉转自如，具有一定的方向感，能起到划分空间的作用，也可以和小桥、石景、雕塑、绿化等结合创造出丰富生动的自然环境。居住区中的溪流可以根据水量、流速、水深、水宽等进行不同形式的设计，形成或急或缓、或隐或显、或聚或散的态势，缓时宁静轻柔，急时欢快奔腾。

溪流与石景、植物等组景时形成的不同视觉效果如下。

① 与石景结合的溪流　岸边大小、形状各异的石头勾勒出溪流的轮廓，水底的石头让溪水显得格外清澈。水与石头相映成趣，如图7-21所示。

▲ 图7-21　溪流与石景结合

② 与植物结合的生态溪流　主要有花溪、草溪、树溪等，以种植不同的植物来体现不同季节的季相生态美，如图7-22所示。

▲ 图7-22　与植物结合的生态溪流

（4）瀑布

瀑布是水体自上而下坠落的一种自然形态的水景，利用地形高差和砌石形成的小型人工瀑布，借以改善小区的景观。小区常见造景瀑布按其跌落的形式可分为自由落体式瀑布、布落式瀑布、叠水式瀑布等，不同的瀑布类型所形成的水流和声响效果能够创造不同的环境氛围，给人以不同感受。人工瀑布中的水落石的形式和水流的速度的设计决定了瀑布的形式。小区中的瀑布可以作为小区入口的一个主景点或者是作为小区内部的一个独立的景点。

（5）水景缸

用水缸式的容器盛水作景，其内可养鱼或种植水生植物以供观赏和起点景作用，如图7-23所示。

▲ 图7-23　水景缸

7.3.5　居住区公共设施设计

居住环境的设施包括有儿童游戏设施、休息设施、小品设施、服务设施等，既具有实用性又具有观赏性。这些设施种类多样，造型各异，反映不同空间的属性，是居住环境重要的景观构成要素。

（1）儿童游戏设施

儿童是居住环境的主要使用对象之一，居住区中要充分考虑儿童活动的场地和设施，儿童游戏设施影响着环境景观的效果。儿童游戏场地设置首先要避免交通道路穿越其中，其次要避免对周围住户的噪声干扰；再次，儿童游乐设施必须结合儿童特点，在形式、质感、材质和色彩的创造上，形成鲜明、生动有趣的特点，以促进儿童身心健康与智力开发，有利于培养儿童友好、合作、冒险的精神和性格锻炼，满足儿童活动与交往的要求。儿童游乐设施主要有滑梯、秋千等组合器械和沙坑、涉水池、铺地等，其中组合器械是游乐设施的主体。现在儿童游戏器械的材料主要采用充气橡胶、塑料、玻璃钢等材料，色彩鲜艳、形式多样，应精心选择，既满足儿童游戏的需求，同时又要与景观环境风格相协调，并成为环境景观的重点，如图7-24所示。

（2）休息设施

居住环境是居民的露天客厅，休息设施是客厅中的沙发。休息设施主要指露天的坐具、椅、凳、桌和遮阳的伞、罩等。它们是居住区中最常见、最基本的休息设施，其造型要与环境中的其他设施统一设计，以相互协调，起到组景和点景的作用。椅、凳、桌的布置通常结合环境，利用花坛、花台边缘的矮墙和地下通气孔道来作椅凳等；或围绕大树基部设椅凳，既可休息，又能纳荫，还可与通道、台阶、草地、水池、亭、廊等相结合，使之更有利于居民观赏环境和谈话交流。如图7-25所示。

（3）小品设施

小品设施在居住区硬质景观中具有举足轻重的作用，它更多的是具有精神上的作用，对强化景观形象、增强可识别性具有十分重要的意义。根据其不同的功能主要分为以下几类。

① 结合照明的小品　主要有各种园灯，其基座、灯柱、灯头、灯具都有很强的装饰作用。居住区灯具包括路灯、庭院灯、草坪灯、建筑轮廓灯、壁灯、泛射灯等，可以结合悬挂花篮、旗帜成为居住区精美的点缀品。如图7-26所示。

② 信息类小品　各种布告板、标识、信息展示牌、指路标牌等，对居民有着引导、宣传和教育的作用。这些设施是居住环境信息传播的主要媒介，同时也是环境景观的重要组成元素。可进行单独设置，也可与雕塑小品、园灯、花木等结合起来。其功能性较强，所以应该体量适宜、层次清晰、形象生动、

▲ 图7-24　居住区公园专为儿童设置的游戏设施

▲ 图7-25　小区内的休息设施

▲ 图7-26　居住区路灯小品

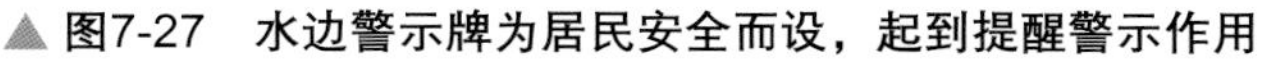

▲ 图7-27　水边警示牌为居民安全而设，起到提醒警示作用

▲ 图7-28　景园中洗手设施别致而有个性

◀ 图7-29　居住区装饰性小品景观

醒目明确、色彩鲜明，尽量减少商业气氛，规划布局时要与居住环境的总体格局统筹考虑，如图7-27所示。

③ 服务性小品　如为居民提供服务的饮水处、洗手池、报刊栏、时钟塔等；为保护环境的设施有栏杆、花坛绿地的边缘装饰等；为保持环境卫生的垃圾箱等。这些公共服务设施为居民提供了诸多的便利。如图7-28所示。

④ 装饰性小品　各种类型的雕塑小品以及各种景墙、古典园林中的花窗、楹联、太湖石等，或各种固定的和可移动的花钵、饰瓶、水缸（可以经常更换花卉）等，它们在居住区景观中起点缀作用，如图7-29所示。

▲ 图7-30　小区内形形色色的装饰性小品

居住区小品设施具有精美、灵巧和多样化的特点，设计时可以做到“景到随机，不拘一格”，在有限空间得其天趣。如图7-30所示。

7.4 庭院设计

7.4.1　庭院的类型

居住区庭院是以住宅建筑为基准，从其四面或三面围合而成的空间，庭院设计是在这个比较小而封闭的空间里面点缀山池、配置植物。庭院与住宅建筑物的关系十分密切，是室内空间向室外的延伸和过渡。居住区的庭院设计主要包括两大类，一类是具有很高的观赏价值的观赏性庭院，另一类是提供给人们在其间进行交流和游戏的功能性庭院。

① 观赏性庭院　主要强调环境的观赏性价值，强调环境的艺术魅力和品质，主要以观赏性的小品、植物绿化和水景、石景构成，如图7-31所示。

② 功能性庭院　其构成要素除了小品、植物绿化、水景石景外，还应相应设置供人活动、交流和游戏的人工设施，私人庭院还可能将私人苗圃、果园菜园、草药种植等和景观环境结合起来，例如比较经典的庭院有法国的葡萄园、荷兰的郁金香花园等。如图7-32所示，是一个集休闲、交流、品茗为一体的小型功能性庭院。

7.4.2　庭院设计形式

① 规则式　规则式庭院一般构图平面多为几何图形，营造自然景观比较困难，适用于面积与形状较为规整和方正的庭院，水体、花草种植、铺装等多呈一种图案式布置。规则式庭院又分为对称式和不对称式。对称式庭院的对称轴线两边景观基本相同，特点是庄重大气，给人以宁静、韵律感和秩序感；不对称式庭院的布局只注重强调庭院视觉重心而不强调重复。与前者相比，后者较活泼且富有动感。

② 自然式　师法自然，模仿纯天然景观的野趣美，形成缩小的自然景观，园林中对石景、水景、植物的设计更注重人的心理感受。材料采用天然木材或当地的石料，使之融入周围环境。

③ 混合式　以上两者的结合，在现代庭院设计中，混合式庭院是最常见的形式。

7.4.3　庭院的设计风格

主要有中国传统式、西方传统式、日式、现代式等几种庭院。

▲ 图7-31　观赏性庭院

▲ 图7-32　功能性庭院

▲ 图7-33　中式庭院

▲ 图7-34　西式庭院

▲ 图7-35　日式庭院

① 中国传统式庭院　是中国传统园林的缩影，设计上讲究“虽由人作，宛自天开”的美学境界，一般多用自然式布局。例如设计中植物种植遵循原有形态，可适当栽种梅、兰、竹、菊、芭蕉等；园路采用自然式，园路铺装用鹅卵石、天然岩板等与草坪结合；设置结合叠泉的假山景色，或在蜿蜒的池边用黄石、太湖石堆叠成驳岸；用花窗、漏窗、曲桥、亭、廊、榭等建筑小品创造一个诗情画意的中国式庭院。如图7-33所示。

② 西方传统式庭院　以文艺复兴时期的意大利庭院为蓝本，受“唯美思想”的影响，强调秩序、均衡、整齐之感。在平面布局上，植物一般修剪整齐，配植各种形态的模纹花坛，再通过古典式规则水池、池中喷泉、壁泉、拱廊、雕塑等，以取得一种图案式的庭院效果，如图7-34所示。

③ 日式庭院　主要代表是“日式枯山水”。如图7-35所示，用石块象征山峦作为主景，用白砂象征河、湖、海等水体，砂上置石以作汀步形成飞岩式道路，用小型灌木、苔藓等点缀等形成写意庭院，特点是较精致小巧、便于维护。

④ 现代式庭院　更注重宜人的尺度和舒适的环境。一般园路主要以彩色混凝土预制砖或花岗岩做铺装材料，以景墙、规则或自然式水池（也可作泳池使用）、喷泉、休息座椅等结合，主要强调人的参与性和“人文关怀”，特点是具有时代感、简约明快、优美舒适。如图7-36所示。

7.4.4　庭院组景手法

① 统一协调　首先是庭院风格和整个居住区景观环境的协调；其次是建筑物、植物、构筑物、铺地等在色彩、形态、材质等方面相协调。

② 平衡　主要指的是构图上的平衡，这意味着在庭院的各种关系中，要形成左右、上下的力的均衡。

▲ 图7-36　现代式庭院

③ 尺度和比例的亲和性　保证庭院的构成要素和庭院的整体均有合适的尺寸和尺度，尺度不宜过大，空间有开有合，有透有闭，丰富变化。

④ 趣味性和功能性结合　“形式需服从于功能”，设计中只遵循功能要求还不够，还要能够为人们提供趣味和享受，否则会让人感到乏味平淡。

⑤ 动静结合　有意识地安排动景和静景的区分，通过有意识地引导人们行走不同的路线，将不同的景观组成序列，形成步移景异的效果。

7.4.5　庭院设计方法和过程

① 场地分析　在设计之初，要对场地进行实地测量和对场地环境进行分析，包括对场地的现状，场地地形，场地朝向方位、风向、标高，土质以及周边环境对其产生的可预见性分析等，画出场地的基本分析图，标出好的景观和差的景观。

② 功能分析　根据场地测量和分析的结果，确定出庭院的主要功能分区，包括道路交通分析、绿化区、静区和动区等。

③ 方案设计　在功能分区的基础上进一步深化，详细地表现出庭院中各个要素的布置方位和形态，包括大到儿童游戏区、休息区，小到一个小花坛、座椅的位置和形状以及园路的铺装形式等一切软质和硬质景观。

④ 图纸实施　绘制出一整套完整的设计施工图纸。

7.4.6 庭院设计学生作品鉴赏

中式、欧式、现代风格庭院设计分别见图7-37～图7-39的案例一～案例三。

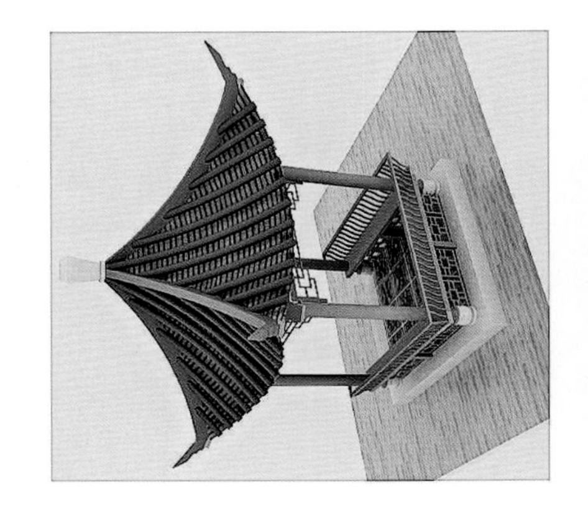

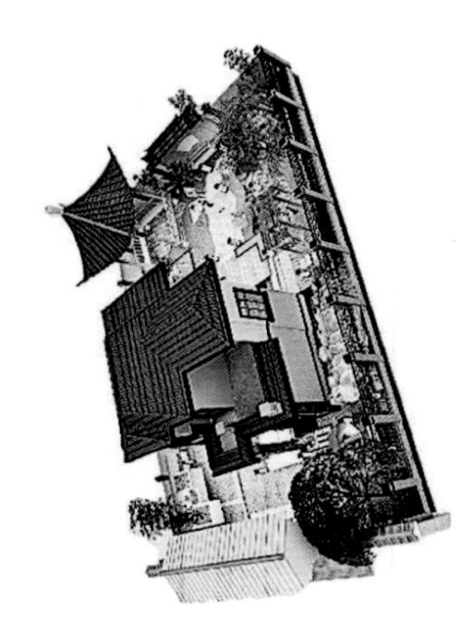

▲图7-37 案例一 中式庭院设计方案（设计者：孔祥琴 环艺16）

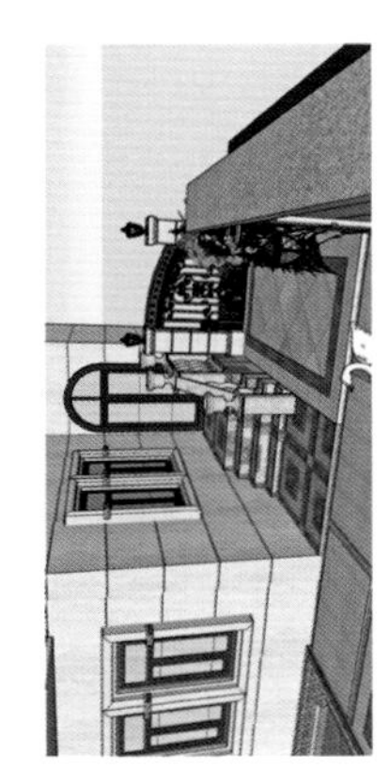

▲图7-38 案例二 欧式庭院设计方案（设计者：吴晓鹏 环艺1902班 指导老师：史喜珍）

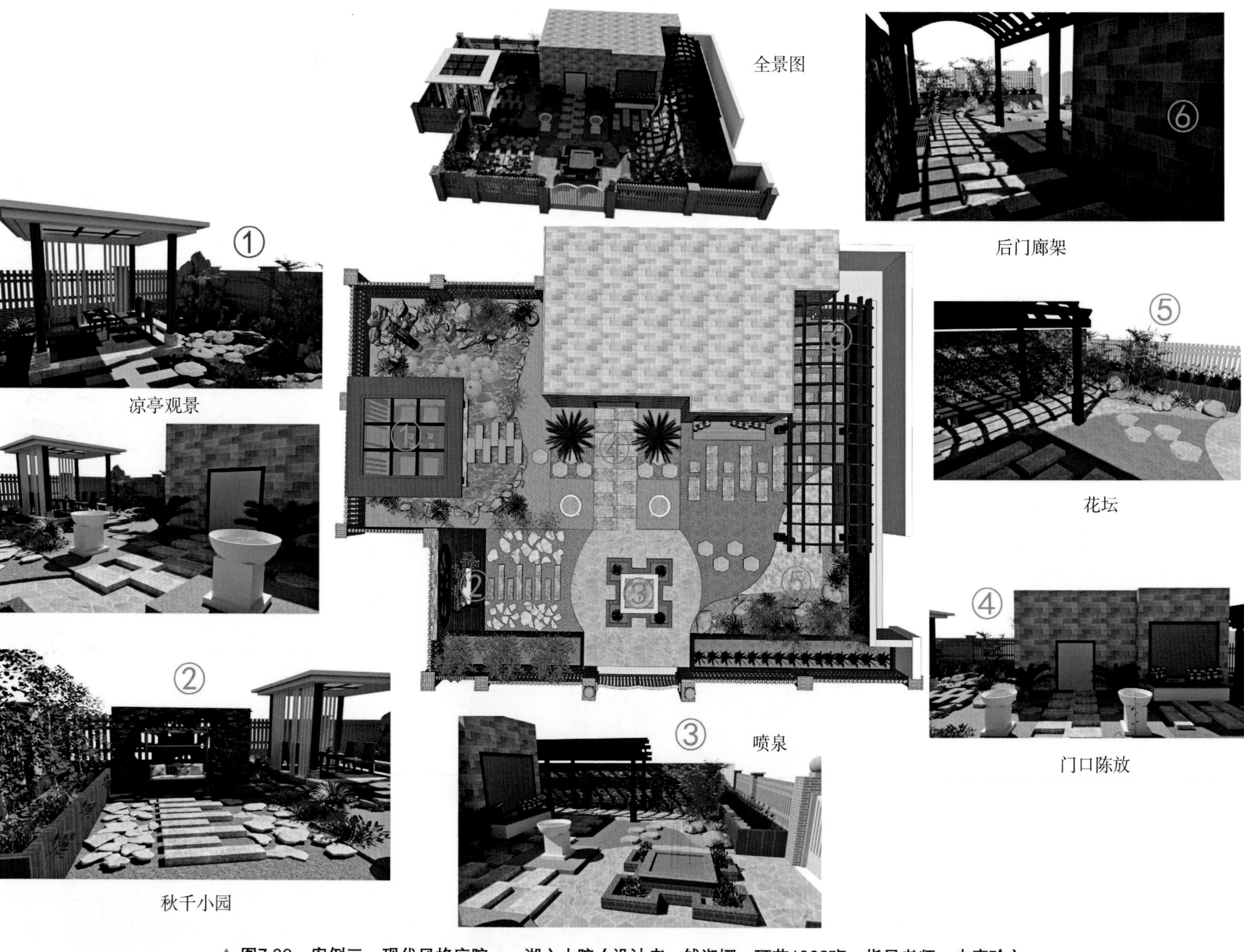

▲图7-39 案例三 现代风格庭院——湖心小院（设计者：钱淑娜 环艺1902班 指导老师：史喜珍）

7.5 小区景观设计案例分析

7.5.1 ××城市花园景观设计

该城市花园项目坐落于城市环线上且毗邻大学园区，整个小区规划占地约600亩（15亩=1公顷），小区内通过建设市政道路，引进城市公交，强调城市的区域整体规划和开放性，建设有“城市核心道路”“次级市政道路”“区内环行道路”，形成了开放的空间和完善便利的道路交通系统。整个项目以多层低密度的洋房为主，其中较有特色的是蚂蚁工房的四种户型，有拿铁、摩卡、卡布奇诺、玛奇朵，可以让人从不同的角度观看感受不同的乐趣。前庭后院式的建筑设计，大社区小围合的方式，使建筑有了私密的庭院和内庭景观。在商业配套方面，包括有梦幻岛公园、健康泛会所、20000m^{2}的运动公园、美式BLOCK街区、5分钟商业街、中央商业街等，都市核心路和绿脊构成的城市主线贯穿其间，交错的道路网将其自然分成了一个个的街区，是一个将城市生活、交通、工作、休闲、商业、文化、教育等若干功能集于一体的优越大城综合社区。如图7-40～图7-43所示。

图7-40　商铺小环境

图7-41　景墙与休息小品

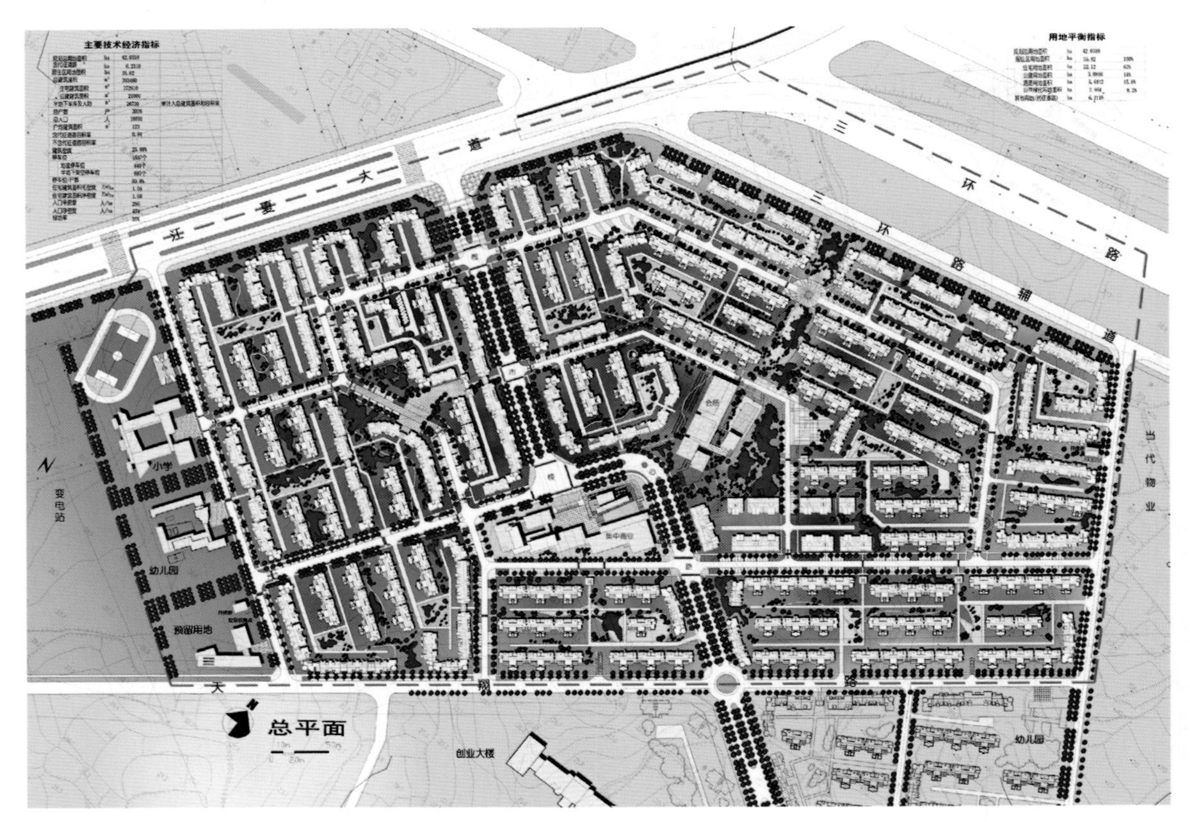

▲ 图7-42 总平面图

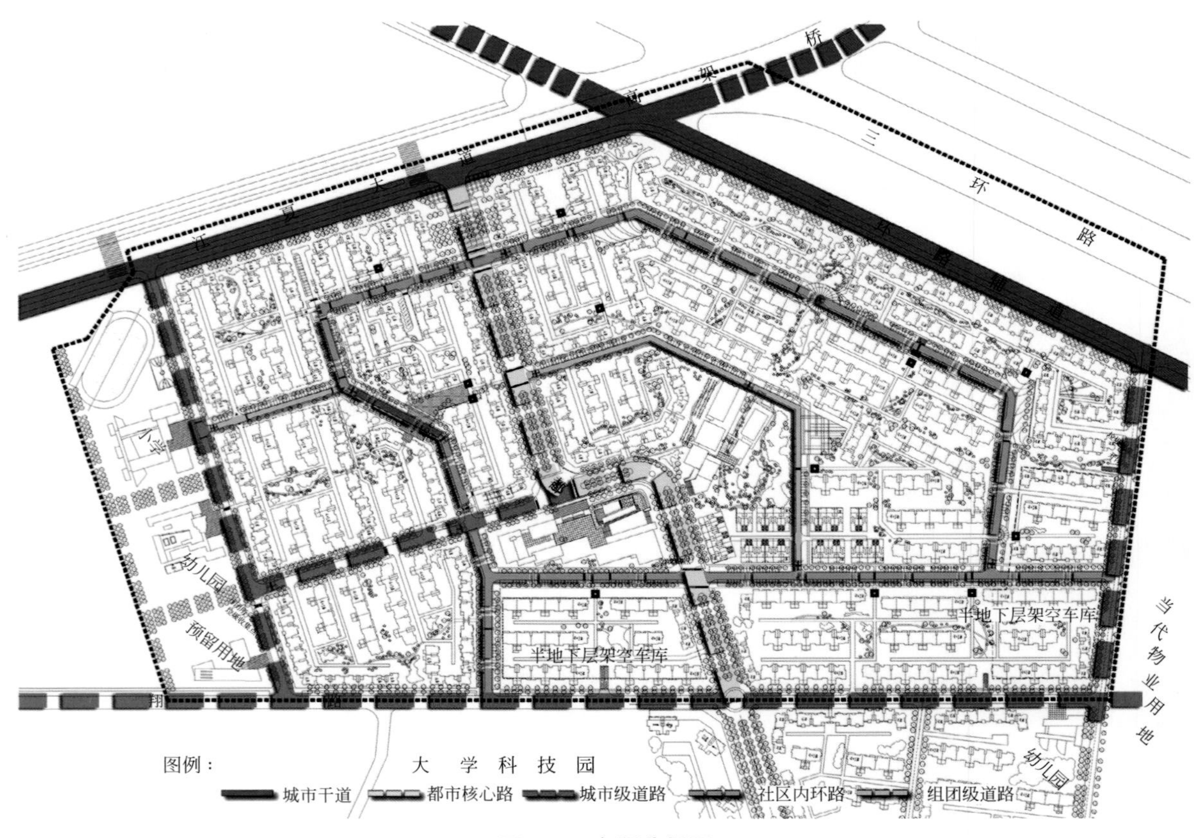

▲ 图7-43 交通分析图

7.5.2　××××花园景观设计

该花园总用地面积为156200m²，总建筑面积为360000m²，绿化率占42.37%，泊车位为1960个。总体规划以尊重地域特性与文脉为指导思想，以住宅的艺术化、环保化、科技化、智能化和生态性、多样性、均衡性、楼盘个性为前提，采用围合式建筑组团布局，中心园林式景观规划设计，创造出一个有机的、生态的、可持续发展的、充满商业活力与现代气息的、具有亲和力与和谐的人文特色的综合性大社区。花园内香樟是园内景观的重要组成部分，原生樟树有三百余棵，无论是漫步养心、透窗远望、赏湖观石，视野中都会有香樟的存在，其景观设计传承了中国园林的设计精髓，做到了户户有景、步移景异、绿随人走，人在绿中。如图7-44～图7-51所示。

▲ 图7-44　入口标志

▲ 图7-45　入口对景

◀ 图7-46　入口对景

▲图7-47　石景

▲图7-48　水景

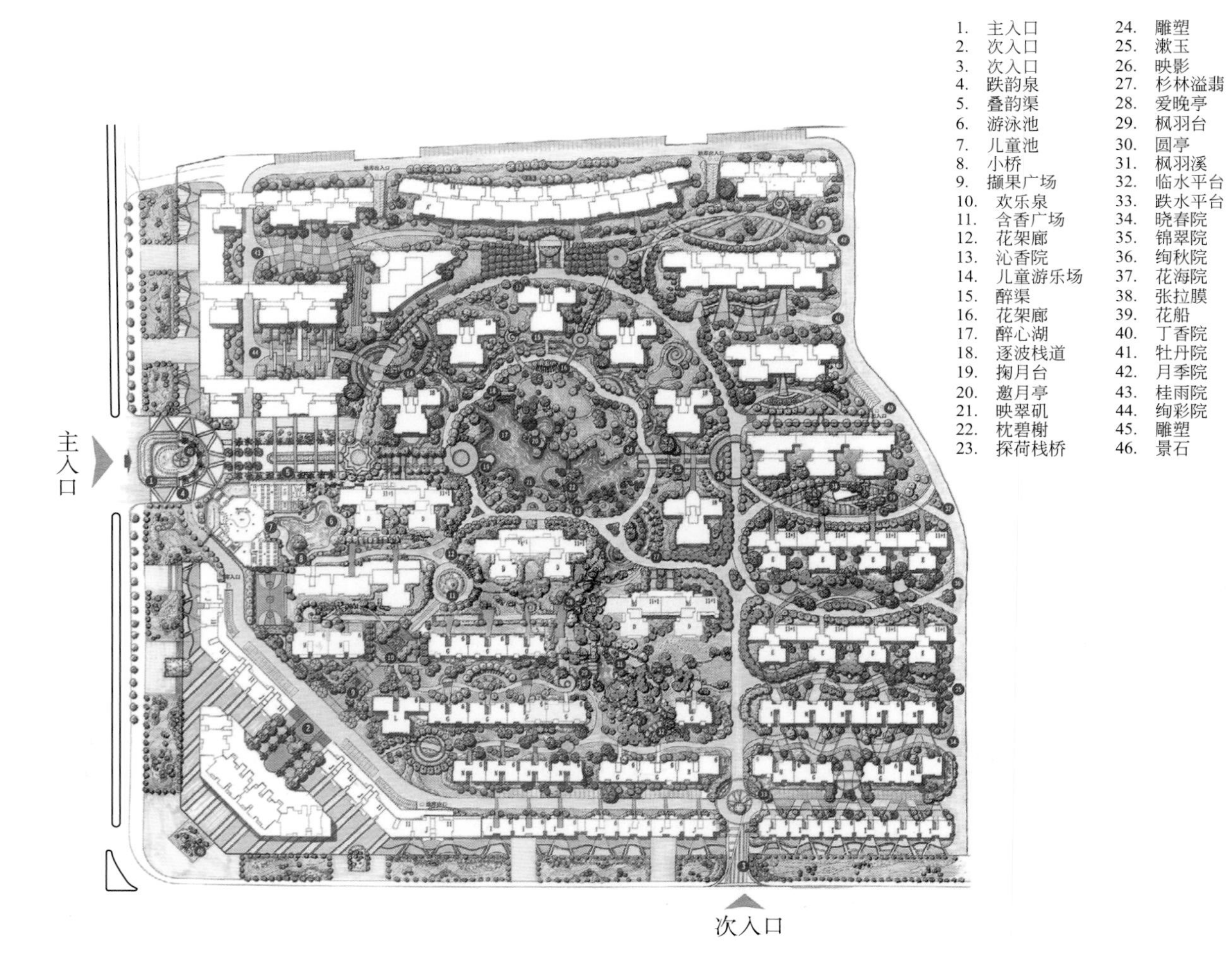

▲图7-49　总平面图

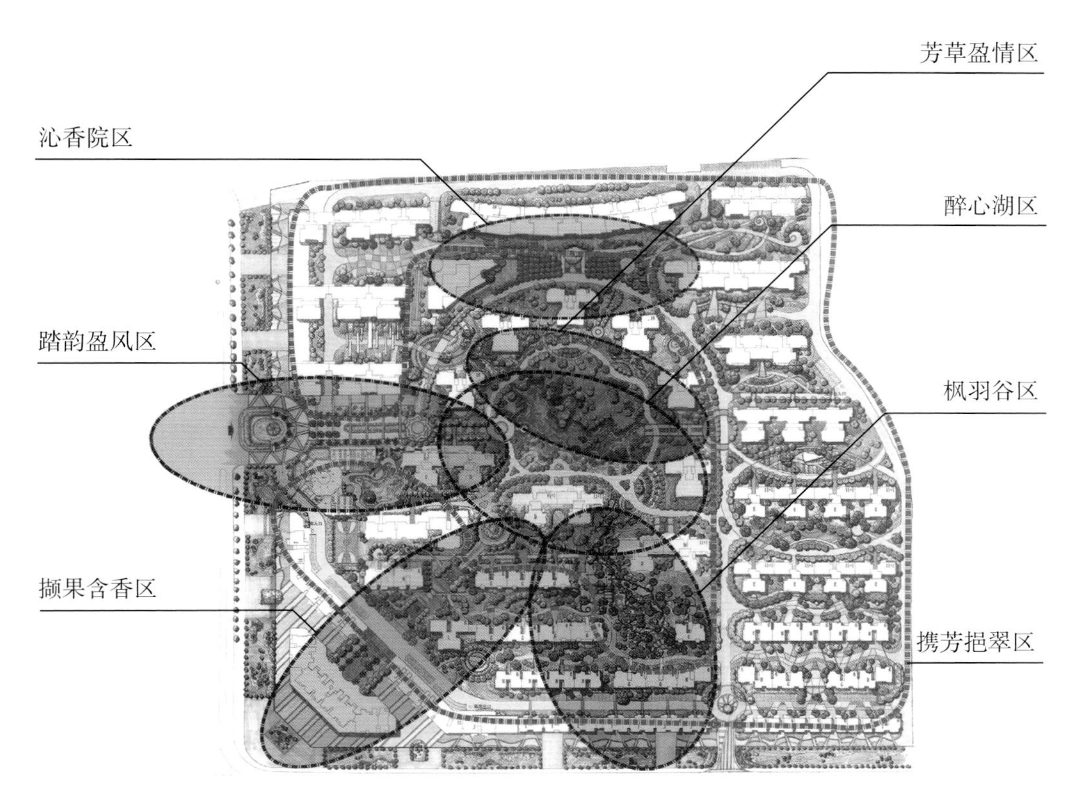

▲ **图7-50　景观分区图**

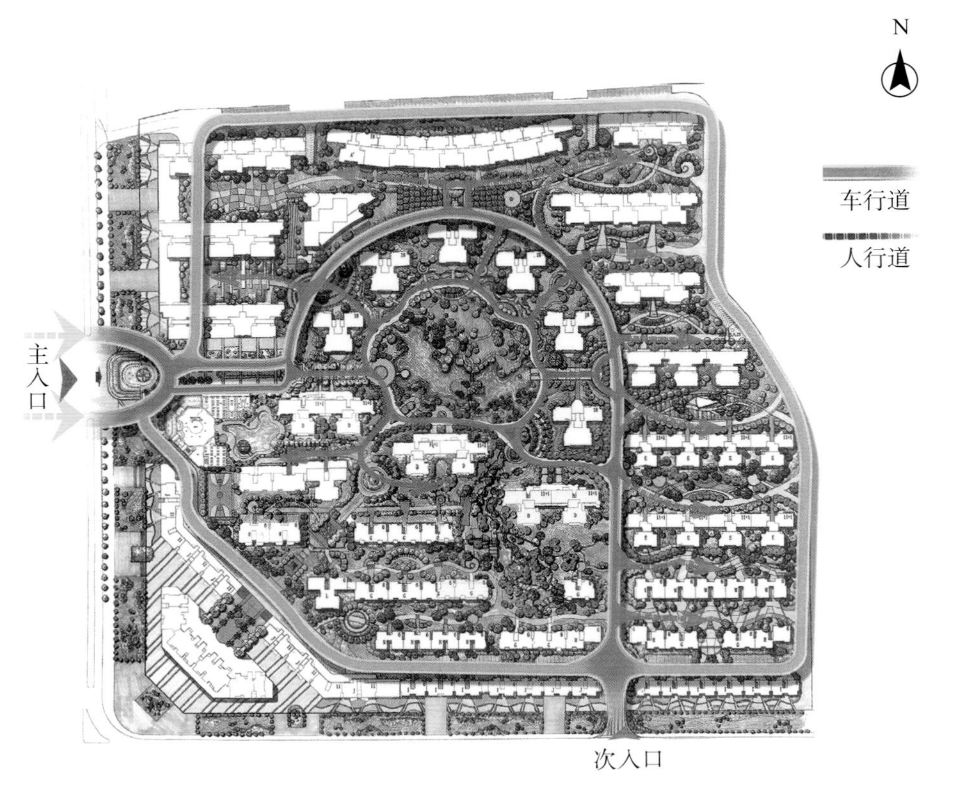

▲ **图7-51　交通分析图**

7.5.3 居住组团中心绿地设计学生作品鉴赏

设计主题：某居住区公共空间绿地设计

设计面积：7000×3500（m^2）

设计者：石玉珍

指导老师：史喜珍

如图7-52～图7-58所示。

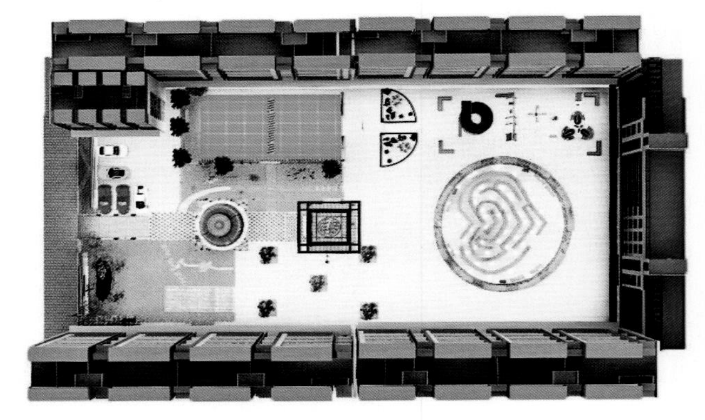

▲ 图7-52 平面布局图

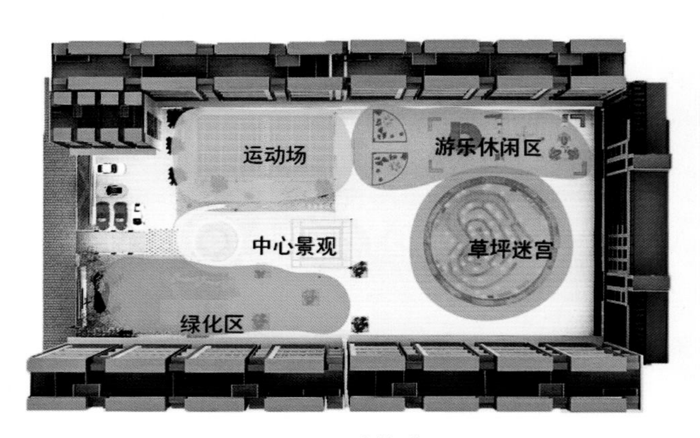

▲ 图7-53 功能分区图

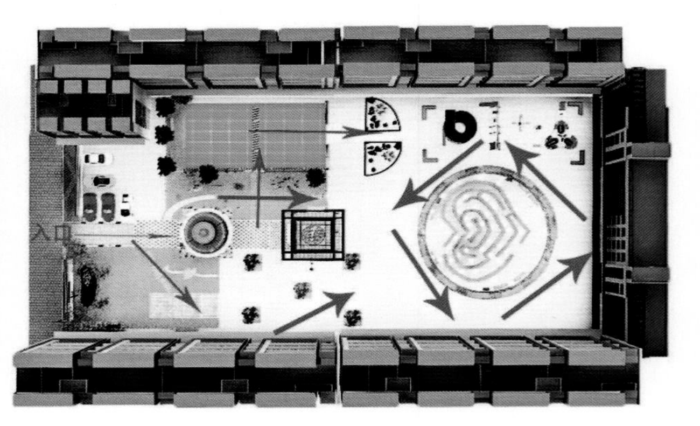

▲ 图7-54 交通流线图

▲ 图7-55 全景鸟瞰图

▲ 图7-56　局部效果图

▲ 图7-57　凉亭效果图

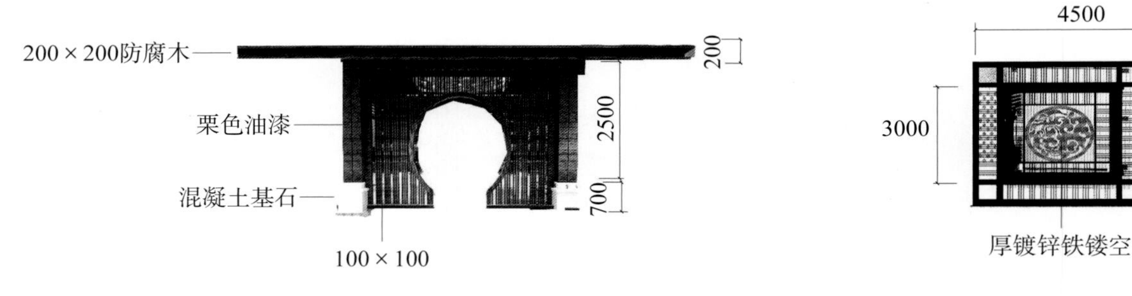

▲ 图7-58 凉亭施工图

单元小结

居住区景观建设好坏，直接关系到人居环境质量的好坏。

在规划构思时，首先应注重与周围环境统一考虑，最大限度地提高居住区的绿地率。

应注重人性化空间的设计，体现“以人为本”的设计理念，尤其是儿童和老年人这类弱势群体的活动场地的设计，提供一个舒适、健康的户外环境。

不仅要将日常生活融入环境中，还要因地制宜地体现社区文化，营造良好的居住生态环境和富有文化气息的环境。

思考练习

1. 居住区景观环境的基本构成要素都有哪些?

2. 结合实例说明居住区景观设计的要点。

课题设计实训

1. 选择一个您熟悉的居住区或小区，进行现场调查、分析。将平面图、道路系统分析图、景观分区图、绿化系统分析图、透视图、节点大样图等画出来（表现手法不限，电脑表现和手绘表现均可）。

2. 自选环境，做一个庭院设计，并用文字加以辅助说明。

8

城市公园设计

知识目标

了解城市公园的概念和作用

熟知城市公园的种类

掌握城市公园的设计原则和方法

能力目标

能够运用公园设计的原理和方法进行中小型公园的初步设计

8.1 城市公园的概念及作用

城市公园是城市开放空间绿地系统的重要组成部分，具有休憩功能、生态功能、景观功能、文化传承功能、科普教育功能、应急避险功能以及经济、社会、环境效益等多重功能，是城市居民休闲、娱乐、健身、社交的重要场所。通过城市公园景观设计，增强城市绿化效应，优化城市生态环境，实现城市可持续发展。一个功能齐全、特色鲜明的公园，能够反映一座城市的文明水平，也是居民需求满意度的体现。

8.2 城市公园的分类

城市公园可分为综合性公园、居住区公园、小区游园、儿童公园、植物园、动物园、盆景园、其他专类公园（如雕塑园、体育公园、纪念性公园等）、带状公园（包括沿城市道路、城墙、水滨等有一定游憩设施的狭长绿地）、街旁绿地等。不同公园由于其性质不同，所占面积也有差异。如：植物园，面积一般大于40hm^2，综合性公园面积一般不小于10hm^2，儿童公园、盆景园面积不小于2hm^2。

8.3 城市公园的设计原则

公园规划设计要从城市的发展和城市居民的使用要求出发，在满足公园使用功能和审美功能的前提下，对公园进行全方位设计。其设计原则如下:

① 以城市总体规划和绿地系统规划为依据，遵守国家相关规范标准。公园的分布应均衡，并与各区域建筑、市政设施融为一体，而不是一个个孤立的点。

② 贯彻以人为本原则，满足不同年龄层次、不同职业的广大居民的共同需要。

③ 尊重自然，因地制宜地布局，创造有生态效益的景观环境。

④ 尊重历史文脉，在当地优秀的文化基因基础上推陈出新，把公园建成具有时代精神、构思新颖独特、受人喜爱的公共绿地。

⑤ 公园设计要切合实际，满足工程技术和经济要求，做出切实可行的设计方案。

总之，公园设计必须以创造优美、绿色、自然的环境为基本任务，根据公园类型确定其特有内容。综合性公园活动内容丰富，设施完善，应包括文化娱乐设施、儿童游戏与安静休憩区，也可设游戏性体育设施等。在已有动物园的城市，其综合性公园内不宜设大型或猛兽类动物展区，全园面积不宜小于10hm^2。儿童公园以为少年儿童提供游戏及开展科普教育、文体活动为主要内容，应有安全、完善的设施，全园面积宜大于$2hm^2$。动物园应有适合动物生活的环境，供游人参观、休息、科普的设施，安全、卫生隔离设施与绿带，饲料加工场以及兽医院，全园面积宜大于$20hm^2$。植物园应创造适于多种植物生长的环境，应有体现本园特点的植物展览区域以及相应科研试验区，全园面积宜大于$40hm^2$。专类植物园应以展出具有明显特征或重要意义的植物为主要内容，全园面积宜大于$20hm^2$。盆景园应以展出各种盆景为主要内容，独立盆景园面积宜大于$2hm^2$。居住区公园与居住小区游园，必须设置儿童游戏设施，同时应照顾老人游憩需要。居住区公园陆地面积随居住区人口数量而定，宜在5～$10hm^2$之间。居住小区游园面积宜大于$0.5hm^2$。

8.4 城市公园的设计内容

8.4.1 公园总体平面设计布局

在对公园进行规划设计时，首先要进行景区功能的划分，确定各分区的规模特点。根据分区规划的标准、不同要求，可分为景色分区和功能分区两种形式。景色分区，将公园中自然景色与人文景观突出的区域划分出来，并拟定某一主题进行统一规划设计，特别是对面积大、功能较齐全的公园和风景游览区，规划时可设置多个景区。功能分区，是将公园用地按活动内容和功能需要来进行分区规划，一般来说有游览休息区、文化娱乐区、儿童活动区、老年人活动区、运动健身区、公园管理区等。

8.4.2 公园地形设计

地形是公园的骨架，它影响到园景质量和投资效益，是公园建设中的重要因素，是建筑设施、园路、种植等其他景观元素的基础。地形设计应充分利用原有地形，因地制宜，尽量减少土方工程。地形设计应重视公园与城市道路的关系，出入口处应地形平坦，与城市道路接轨。公园地形要满足游人活动要求和景观要求，不同的功能需要不同地形处理。地形设计还应考虑植物种植的要求，满足不同植物习性，使植物环境符合生态地形的要求。

8.4.3 园路系统的设计布局

公园中的道路即是公园的导游线，主要包括主干道、次干道、游步道和小径。园路不仅能引导游人游览，同时好的园路也是公园一景。园路的设计布局要根据公园绿地内容和游人容量大小来定，因地制宜与地形密切配合。园路的布置不是简单地将各景区、景点联系在一起，而是要把众多的景区、景点有机协调组合在一起，使之具有完整统一的艺术结构和景观顺序。平地公园的道路要弯曲柔和，密度可大一点，但不宜形成方格网状，以免游人迷路。山地公园的园路纵坡应在12%以下，弯曲度大，密度要小，可形成环路，以免游人走回头路。在园路设计时，要特别重视确定公园主、次出入口位置。

8.4.4 公园中的植物景观设计

植物是公园景观环境的主体，在整个公园中占据着相当大的比重，对于改善环境调节气候有着特殊作用。因此，植物的种植设计与搭配对于全园的景色有相当大的改善作用。同时色彩斑斓的植物具有美化环境、丰富公园景观空间的美学作用。在进行公园植物景观设计布局时应注意以下几点：

①植物设计要满足公园分区规划的要求，并与山水、建筑、园路等周边环境相协调。②植物设计要以当地树种作为公园的基调树种。③植物设计要注意全园的整体效果。④植物配置应重视植物的造景特点。⑤植物配置应确定植物类型和各类植物的种植比例。

8.4.5 公园建筑及小品设施的规划

公园中的建筑、景观小品是为开展文化娱乐活动、创造景观和防风避雨等设置的，它们在公园中占据比例虽然很小（大约为公园陆地面积的1%～3%），但关系到公园的整体功能和景观效果，同时在提高功效、节省空间、减少噪声和污染、加强安全感、方便游人游憩活动等方面发挥着重要作用。

公园中建筑和景观小品种类繁多，包括亭、廊、水榭、舫、厅堂、楼阁、塔、台、休息设施、护栏、景观墙、景观灯等。在设计布置时应注意以下几点：

①公园建筑应遵循“巧于因借，精在体宜”，其造型的处理上，除了考虑体量、空间组织、细部装饰等，还必须注意与周围环境是否协调，是否能满足景观功能。一般来说，景观建筑体量要轻巧、空间要通透。②建筑与景观小品在布局上多处于交通方便、风景视线开阔的地方，并注意建筑小品与周围环境的关系，个体之间应有一定对比变化。一些建筑小品在公园中常常成为艺术构图的中心。③建筑和小品风格既要体现浓郁的地方特色，又要与公园的性质、规模和功能等相适宜。

8.5 城市公园设计案例——太原迎泽公园

太原迎泽公园是太原市内最大的综合性文化休闲公园。公园总面积为66.69hm^2，里面种植了数万株观赏树木，桥、廊、亭、榭多不胜数，悦心苑、水族馆、并芳堂、木香院、牡丹园、芍药园、月季园、杏花园、玫瑰园各有特色。土石假山东西而峙，起伏延绵，草木葱茏。迎泽公园内布局基本按地形划分，分为北湖景区、中部景区、南部景区和南湖景区。

公园内建有花展馆、水族馆、书画展览馆、盆景园和牡丹、芍药、玫瑰等多种专类植物园，还建有网球场、微型高尔夫球场、游乐场等娱乐活动场馆，是深受广大市民喜爱的大型综合性活动场所。这里选取了公园内一小部分景区及局部环境的实景图片供读者鉴赏。如图8-1～图8-13所示。

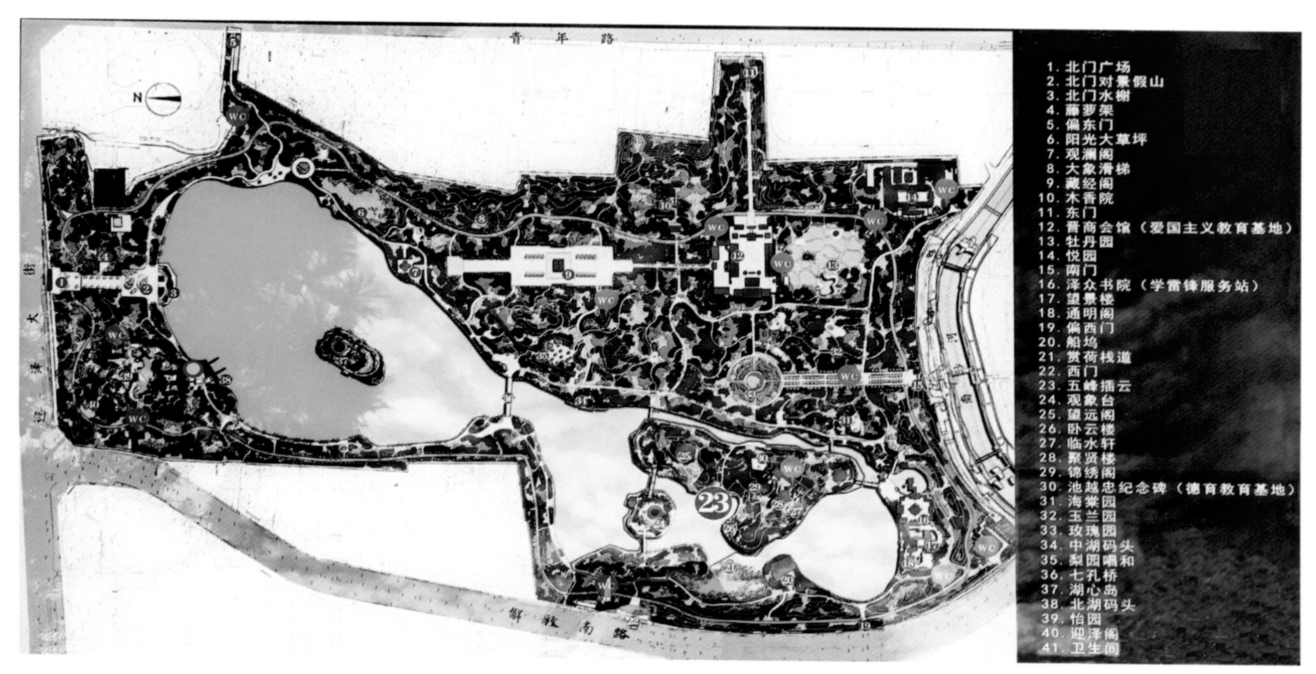

▲ 图8-1 迎泽公园总平面布局图

▲ 图8-2 公园北门

▲ 图8-3 公园北门对景假山一角

▲ 图8-4 公园中部湖景

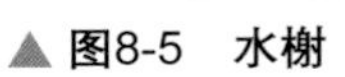

▲ 图8-5 水榭

▲ 图8-6 悦园入口

▲ 图8-7 悦园外墙

▲ 图8-8 悦园三进院

▲ 图8-9 悦园凉亭

▲ 图8-10 悦园休息廊

▲ 图8-11 公园望远阁

▲ 图8-12 公园凉亭

▲ 图8-13 公园七孔桥

单元小结

城市公园是城市开放空间绿地系统的重要组成部分，具有休憩功能、生态功能、景观功能、文化传承功能、科普教育功能、应急避险功能以及经济、社会、环境效益等多重功能，是城市居民休闲、娱乐、健身、社交的重要场所。

城市公园分为综合性公园、居住区公园、小区游园、儿童公园、植物园、动物园、盆景园、其他专类公园（如雕塑园、体育公园、纪念性公园等）、带状公园、街旁绿地等。

公园设计必须以创造优美绿色自然环境为基本任务，根据公园类型确定其特有内容。

总体城市公园设计包括公园总体平面设计布局、公园地形设计、园路系统的设计布局、植物景观设计、建筑及小品设施的规划等内容。

思考练习

1. 城市公园有什么功能?
2. 城市公园有哪些类型?

课题设计实训

试着在你熟悉的环境中，选取一个老旧小区，对其公共空间进行改造，为周边居民设计一个优美宜人的小公园。

参考文献

[1] 丁圆．景观规划设计概论．北京：高等教育出版社，2008.

[2] 薛健．绿地广场设计．南京：江苏科学技术出版社，2004.

[3] 吕在利，曲娟，张彤．景观设计．北京：中国轻工业出版社，2008.

[4] 张德炎，吴明．园林规划设计．北京：化学工业出版社，2007.

[5] 刘福智，佟裕哲．风景园林建筑设计指导．北京：机械工业出版社，2007.

[6] 朱家瑾．居住区规划设计．第2版．北京：中国建筑工业出版社，2007.

[7] 赵良．景观设计．武汉：华中科技大学出版社，2009.

[8] 唐文，张华娥．景观设计徒手表现技法．北京：化学工业出版社，2007.

[9] 乐嘉龙．园林建筑施工图识读技法．合肥：安徽科学技术出版社，2011.

[10] 王强，张俊霞，李杰．景观园林制图．北京：中国水利水电出版社，2008.

[11] 夏克梁．手绘教学课堂：夏克梁景观表现教学实录．天津：天津大学出版社，2008.

[12] 张健．中外造园史．武汉：华中科技大学出版社，2009.

[13] 孙明．城市园林：园林设计类型与方法．天津：天津大学出版社，2007.

[14] 许浩．城市景观规划设计理论与技法．北京：中国建筑工业出版社，2006.